新型职业农民培育工程规范教材

粮油作物高产栽培技术

万江红　靳　伟　丁　超　主编

中国农业科学技术出版社

图书在版编目（CIP）数据

粮油作物高产栽培技术 / 万江红，靳伟，丁超主编 .—北京：中国农业科学技术出版社，2016. 4

ISBN 978 – 7 – 5116 – 2566 – 3

Ⅰ. ①粮…　Ⅱ. ①万… ②靳…③丁…　Ⅲ. ①粮食作物 – 栽培技术②油料作物 – 栽培技术　Ⅳ. ①S504

中国版本图书馆 CIP 数据核字（2016）第 065608 号

责任编辑　王更新
责任校对　李向荣

出 版 者　中国农业科学技术出版社
北京市中关村南大街 12 号　邮编：100081
电　　话　(010)82106639(编辑室)　(010)82109702(发行部)
(010)82109703(读者服务部)
传　　真　(010)82106639
网　　址　http://www.castp.cn
经 销 者　各地新华书店
印 刷 者　北京富泰印刷有限责任公司
开　　本　850mm ×1 168mm　1/32
印　　张　8. 25
字　　数　186 千字
版　　次　2016 年 4 月第 1 版　2016 年 4 月第 1 次印刷
定　　价　26. 00 元

《粮油作物高产栽培技术》

编　委　会

前　言

所谓粮食作物是以收获成熟果实为目的，经去壳、碾磨等加工程序而成为人类基本食粮的一类作物。主要分为：谷类作物、薯类作物和豆类作物。中国是世界重要的粮油生产大国，不但种类多，而且市场占有份额大。栽培面积较大的粮油有水稻、小麦、谷子、荞麦、燕麦、青稞、绿豆、小豆、豌豆等，其中，谷子的种植面积和总产量居世界第一位；荞麦的种植面积和总产量居世界第一位；绿豆、小豆总产量占世界的1/3。

中央一号文件回应了国内粮食进口过多的质疑。其中，“科学确定主要农产品自给水平”就是不追求过高和过低的自给率，防止两个极端，要根据国内资源禀赋特征、生产实际水平来确定。重要的粮食作物，要在数量上满足供给，不能依赖进口，确保“口粮绝对安全”，确保粮食安全战略稳步实施。

本书围绕大力培育新型职业农民，以满足职业农民朋友生产中的需求。共分 11 章，内容包括水稻、小麦、高粱、谷子、莜麦、荞麦、青稞、绿豆、芸豆、马铃薯高效栽培技术、粮油作物的病虫害的防治等。

由于编写时间仓促，水平有限，书中偏颇、疏漏在所难免，敬请广大读者提出宝贵意见，以便进一步修订完善。

编　者

目　　录

第一章 水 稻

第一节 概 述

一、栽培历史

有文字记载，3 000多年前水稻就是中国人的主要粮食，稻也是最早产生和定形的文字之一。当时稻字只有类似“臼”字，在周朝种稻较为普及了，就加上了如稻穗挺立般的“禾”字，臼的上面加上了“爪”，形如迎风打稻，用手舂米。据考古发现，一万多年前我国长江流域的人类遗迹中已出现了稻粒的残留。从古代到清朝，水稻大都是直播的栽培方式。

二、我国水稻种植方式的发展

水稻是我国最主要的粮食作物，85%以上的稻米作为口粮消费，有60%的人口以稻米为主食。水稻在我国种植面积最大、单产最高、总产量最多，近5年来水稻平均种植面积和总产量分别占粮食作物的28%和38%，水稻生产对保障我国粮食安全具有举足轻重的作用。

随着我国社会经济的发展、农业结构调整、农村劳动力转移和人口老龄化，以手工插秧为主的传统水稻种植技术已经不能适应当前我国水稻生产的需要。因此，急需研究和发展水稻抛秧、直播、再生稻、机械插秧等节本、省工、高效的水稻种植方式。20世纪80年代以来，水稻抛秧栽培和直播种植面积不断扩大，近几十年来水稻机械插秧的面积不断扩大。从世界其他主要产稻国家的水稻种植技术发展历程看，水稻种植方式随社会经济发展而发展，与社会经济水平相适应。欧洲、美国、澳大利亚等主要产稻国家和地区由手工插秧发展为机械直播，而日本和韩国等国家则从手工插秧发展为机械插秧。

分析水稻种植方式的发展趋势、探讨我国水稻种植方式发展方向、实现水稻良种良法配套，对提高我国水稻产量具有重要意义。然而，自20世纪90年代末以来，随着我国社会经济的快速发展，水稻种植面积大幅下降，单产徘徊，总产波动。其原因之一是在我国社会经济发展到一定阶段，已有的传统的水稻种植方式已不能适应当前社会经济发展需要。传统水稻种植方式必须向现代水稻种植方式转变，只有这样，才能促进水稻生产持续稳定发展。

我国水稻生产具有悠久的历史，水稻种植方式随社会经济发展和科技进步不断演变。水稻直播是一种原始的水稻种植方式，从直播到育苗移栽技术是某一时期水稻生产技术的进步。在早期，水稻移栽解决了直播稻草害严重的问题和多熟制季节矛盾。

第二节　主要优良品种介绍

一、绥粳3号（92－188）

特征特性：主茎11片叶，生育日数128～130天，株高80cm，穗长16cm，每穗粒数97粒左右，千粒重27g，抗稻瘟病较强，抗倒伏，分蘖力强，株型好，活秆成熟，剑叶上举。

适应区域：需活动积温2 350℃左右，适于第二、三积温带直播或插秧栽培。该品种适于中上等肥力栽培，耐冷性中等，遇障碍性冷害年份注意以水保温。

产量水平：一般每公顷产量8 000～8 500kg。

二、绥粳9（绥02－6007）

特征特性：主茎13片叶，株高92cm，穗长19cm，每穗粒数135粒左右，千粒重27.5g，长宽比1∶9，结实率高，米质优，抗稻瘟病，抗倒伏，耐冷性一般。生育日数133天左右。

适应区域：需活动积温2 480℃左右，适于第二积温带插秧栽培。

产量水平：一般每公顷产量8 181kg左右。

三、绥粳10（绥02－7015）

主茎12片叶，分蘖力较强，株高90cm，穗长16cm，每穗粒数95粒左右，千粒重26g，穗青秀整齐、干净喜人，抗稻瘟病性较强，抗倒伏性较强，耐冷性较强，品质优，高产，生育期插秧栽培从出苗到成熟128～130天。

适应区域：需活动积温2 400℃左右，与东农416号熟期相仿。适于第二积温带下限及第三积温带上限插秧种植，可采用9寸×4寸规格，每穴插3～5株，中上等地力中高肥栽培较好。

产量水平：一般每公顷产量9t左右。

四、改良188

田友种业经过多年对绥粳3进行改良，从中选出抗病优质高产的单株——改良188。

特征特性：生育日数 129 天左右，需活动积温 2 350℃，主茎 11～12 片叶，株高 80cm，穗长 16，每穗粒数 98 粒左右，千粒重 27g，抗稻温病性强，抗倒伏，分蘖力强，株型好，活秆成熟，剑叶上举。

适应区域：黑龙江省第二积温带三积温带直播或插秧栽培。

产量水平：一般每公顷产量 8 500～9 000kg，耐冷性和米质均好于绥粳 3，2005—2007 年在 859 农场、虎林和兴凯湖对岸的俄罗斯直播面积产量较对照品种绥粳 3 平均增产 7.5% 以上。

五、早熟、优质、抗病——龙粳 20（1126）

特征特性：主茎 11 片叶，苗期绿色，株型收敛，剑叶上举，发苗快，分蘖力较强，株高 90cm 左右，穗长 17cm，每穗粒数 90 粒左右，千粒重 27g 左右，粒型椭圆形，长宽比 1.7，外观品质和食味好，品质达到国家优质米标准，活秆成熟，高抗稻瘟病，抗倒伏性较强，生育期插秧栽从出苗到成熟 125～128 天，需活动积温 2 300～2 350℃，与合江 19 号熟期相仿，适于第三积温带插秧栽培，可采用9 寸×4 寸规格，每穴插 3～5 株为宜，中上等地力中上等肥栽培较好。

产量水平：一般每公顷产量 8t 左右。

六、龙粳 21（龙花 99－454）

特征特性：主茎 12 片叶，插秧栽培生育日数 126～132 天，需活动积温 2 300～2 350℃，较对照东农 416 稍早，株高 90.5cm 左右，穗长 14.2cm，每穗粒数 90.0 粒左右，不实率低，长宽比 1.8，千粒重 27.0g，无芒，颖尖浅褐色，株型收敛，剑叶较短且开张角度小，整齐一致，分蘖力强，幼苗生长势强，抗稻瘟病性强，耐寒抗倒。

产量水平：一般产量水平 8 000 ~9 000kg/hm^2。

品质分析：米粒清亮透明，口感好，主要品种指标均达到国家优质食用稻米二级标准。

栽培要点：旱育稀植插秧栽培，插秧后保持浅水层，7 月初晒田，复水后间歇灌溉。

适应区域：适应黑龙江省第二积温带下限和第三积温带。

七、龙粳 22 号（龙丰 K8）

特征特性：主茎 11 片叶，生育日数 127 天左右，活动积温 2 300℃左右，熟期比空育 131 早 1 天。穗长 16.0cm，每穗粒数 103 粒左右，千粒重 25.5g，结实率高。株高 92.0cm，株型收敛，剑叶开张角度小，叶片上举，分蘖力中等，抗冷强，幼苗长势强，活秆成熟。

产量水平：在大面积生产条件下，一般产量水平 8 000 ~9 000kg/hm^2。

适应区域：适于第二积温带下限及第三积温带栽培上限。

八、龙粳 24（龙交 03－1333）

特征特性：主茎 11 片叶，活动积温 2 280 ~2 330℃，一般旱育稀植插秧栽培条件下需生育日数为 125 天，株高 85.0cm 左右，穗长 18.0cm，平均穗粒数 98.0 粒左右，不实率低，千粒重 26.5g，无芒，颖尖秆黄色，株型收敛，剑叶开张角度小，穗位整齐，分蘖力强，幼苗生长势强，活秆成熟，抗稻瘟病性强，抗倒伏性强，耐寒。

产量表现：一般产量 7 500 ~8 500kg/hm^2，主要品种指标均达到国家优质食用稻米二级标准。

适应区域：适应黑龙江省第三、第四积温带。

九、龙粳26号（龙育03－1804）

特征特性：主茎11片叶，一般旱育稀植插秧栽培条件下需生育日数128～130天，需活动积温2 350℃左右，与空育131同熟期。株高90cm，株型收敛，分蘖力强，主蘖穗整齐。穗长17cm，平均穗粒数95粒，谷粒椭圆，结实率高，千粒重27g。

品质分析：糙米率82.7%、整精米率70.3%、垩白米率1.5%、垩白度0.2%、主要指标达到国家优质米标准，外观米质好。抗稻瘟病，耐寒性强。较喜肥，后期活秆成熟，耐早霜，秆强不倒。

产量水平：一般每公顷产量8 500～9 000kg。中等肥力地块每公顷施尿素250kg、二铵100kg、钾肥100kg。

适应区域：适宜黑龙江省第二、三积温带种植。

十、普粘7号

特征特性：主茎11片叶，苗期绿色，分蘖力强，株高82cm。穗长15cm，每穗83粒，千粒重24g，稻米乳白色，黏度高。抗稻瘟病性强，抗倒伏性强，高产。生育期插秧栽培128天左右。

产量水平：一般每公顷产量8t以上。

适应区域：适于本省第二积温带下限及第三积温带插秧种植。

十一、空育131

特征特性：生育日数127天左右，主茎11片叶，需活动积温2 320℃。株高80cm，穗长14cm，穗粒数80粒，千粒重26.5g，抗稻瘟病性中等，对延迟性和不育性冷害耐性强，出米率高，外观米质优，食味好。

产量水平：产量一般为7 500～8 500kg/hm^2。

适应区域：适应我省二、三积温带栽培。在稻瘟病大发生年份应注意防病。

十二、垦鉴稻6号（垦95－295）

特征特性：生育日数130～132天，主茎12片叶，需活动积温2 350～2 400℃株高75cm，穗长15.6cm，每穗粒数86粒左右，千粒重26.7g，出苗快，叶色较绿，分蘖力较强，后期株型较收敛，剑叶上举，秆强抗倒，活秆成熟，中抗稻瘟病，耐冷性较强，外观米质优，食味好。

产量水平：产量一般在8 000～9 000kg/hm^2。

适应区域：适于第三积温带上限和第二积温带旱育稀植插秧栽培。

十三、垦稻10

特征特性：生育日数136天，需活动积温2 550℃。株高93.9cm，穗长17.2cm，每穗粒数76.9粒，千粒重26.2g，主茎叶数12～13片。分蘖力强，株型收敛。

品质分析：米质达到国家二级优质米以上标准，食味好。

栽培要点：4月中旬播种，5月插秧，插秧规格30cm×12～16cm，每穴3～4株，在中等肥力水平条件下，施尿素200kg/hm^2，磷酸二铵100kg/hm^2，硫酸钾100kg/hm^2。尿素按基∶蘖∶调∶穗∶粒为3∶3∶1∶2∶1的比例施用，磷酸二铵全部作基肥，硫酸钾70%作基肥，30%作穗肥，应避免高肥攻高产。

适应区域：黑龙江省第一积温带下限、第二积温带上限插秧栽培。

十四、龙稻1号

该品种是以日本彩和藤系144杂交，由黑龙江省农业科学院栽培所水稻育种室于1993年选育而成。

特征特性：生育日数128～130天，需活动积温2 420℃。株高92cm，穗长17.5cm，平均每穗粒数85粒，千粒重27.5g，主茎叶片12片，谷草比1.2，经济产量高，抗冷，分蘖能力强，抗稻瘟病性强，活秆成熟。

品质分析：糙米率83.2%，整精率74.9%，垩白大小10%，直链淀粉含量10.88%，粗蛋白8.3%，胶稠度68.5mm，米粒长宽比1.6。

产量水平：8 600kg/hm^2。

栽培要点：公顷施纯氮90kg，纯磷50kg、纯钾50kg。氮肥、钾肥的一半，磷肥的全部做底肥施入，其余作追肥施用。插秧规格9寸×3寸×3株/穴为宜。

适应区域：黑龙江省第二、三积温带插秧栽培。

十五、龙稻2号

黑龙江省农业科学院栽培所水稻育种室育成。原代号哈98－86，2000年黑龙江省良种化工程中标为优质水稻新品种，2002年审定推广。

特征特性：粳稻，生育日数120天，需活动积温2 100℃，株高90cm左右，穗长16cm，平均每穗粒数75粒，米粒偏长，空秕率低，无芒。抗冷，分蘖能力强，抗病能力中等偏上。

产量水平：7 400kg/hm^2。

品质分析：整精率68.2%、垩白米率1.0%，直链淀粉含量15.57%，蛋白质含量7.88%，胶稠度68.7mm，米粒长宽比

1.8，食味评分84分；透明度1级。

栽培要点：公顷施纯氮90kg，纯磷50kg、纯钾50kg。氮肥、钾肥的一半，磷肥的全部做底肥施入，其余作追肥施用，插秧规格30cm×13cm。

适应区域：黑龙江省第三积温带插秧栽培。

十六、龙稻5号

品种来源：原品系代号哈99-774，黑龙江省农业科学院栽培所水稻育种室以牡丹江22为母本，龙粳8为父本杂交育成。2005年完成国家超级稻验收，2006年审定推广。

特征特性：粳稻，生育日数132天，所需活动积温2 530℃左右。株高94cm，株型收敛，剑叶上举，穗长15.7cm，棒状穗，每穗平均粒数100粒左右，最多可达130粒，分蘖能力强，抗冷性强，高抗倒伏，抗稻瘟病、纹枯病。

品质分析：糙米率82%，整精米率68%，垩白度0.5%，直链淀粉17%，粗蛋白7.9%，胶稠度71mm，长宽比1.7。

产量水平：10 500kg/hm^2。

栽培要点：每公顷施纯氮120kg，纯磷70kg，纯钾60kg，氮肥以硫酸铵为主，底肥施入氮肥全量的1/3至1/2，全部磷肥及钾肥的一半，其余氮肥及钾肥作追肥。插秧规格30cm×13cm×3株/穴。

适应区域：黑龙江省第一、二积温带种植。

十七、垦稻11（垦00-1113）

2006年被农业部确定为超级稻新品种，是垦区育成的第一个超级稻品种。

特征特性：生育日数128天左右，主茎叶片数11叶，需活动积温2 320～2 350℃。出苗早，苗期叶色较绿，分蘖力较强，株型较收敛。株高86.8cm，穗长17.3cm，穗粒数100粒，千粒重26g，外观米质优，食味好，综合指标达到国家二级优质米标准。抗稻瘟病性强。耐冷性好。

产量水平：2003—2004年参加省第三积温带区域试验，平均产量为7962.5Kg/hm^2，较对照合江19增产8.6%。2005年参加省第三积温带生产试验，平均产量7 987.5kg/hm^2。较对照增产9.81%。

十八、龙盾104

黑龙江省监狱局农科所选育，原代号龙盾97－1。特征特性：生育日数130～132天，需活动积温2 400～2 460℃，株高90cm，穗长17～19cm，穗粒数90～110粒，千粒重28g，该品系株型紧凑，叶片上举，活秆成熟，光能利用率高，抗低温冷害，抗稻瘟病，秆强抗倒，田间长势好，灌浆快，每公顷产量8 500～9 500kg，在高肥情况下插秧可达10 000kg。

适应地区及栽培要点：黑龙江省二积温区和三积温区上限插秧栽培，该品种喜肥水，适于低洼地种植，一般地块比常规施肥量每公顷增施尿素50kg，但遇低温寡照年施肥量不宜过大以防贪青晚熟。

十九、龙盾103

特征特性：生育日数121～123天，株高85cm，穗粒数80粒，千粒重28g，需活动积温2 200～2 300℃，秆强抗倒，高抗稻瘟病，分蘖力强，米质优，食味好。

产量水平：每公顷产量达7 500kg左右。

栽培要点：适于第三积温带插秧直播栽培，行穴距9寸×4

寸，穴3～4株，全年施肥量，尿素250kg，二铵100kg，钾肥80kg，直播栽培尿素200kg，本品种可适当晚育苗，晚插秧，秧田温度不应过高，以防早穗。

适应区域：黑龙江省第三、四积温带直播或插秧栽培.

二十、绥粳4号

特征特性：香粳品种，生育日数130～134天，需活动积温2 300～2 400℃，株高95cm，穗长17.5cm，千粒重27.7g，稻谷长宽比2.2，穗粒数90粒左右，有短芒，空秕率5%，幼苗生长健壮，耐寒性强，秆强抗倒。

适应区域：黑龙江省第二、三积温带旱育稀植插身栽培。

第三节 高产栽培技术

一、水稻育苗播种技术

水稻育秧就是要培育发根力强，植伤率低，插秧后返青快、分蘖早的壮秧。这种育秧方法的主要优点是秧龄短、秧苗壮，管理方便。可机插、人工手插，功效高，质量好。

（一）育苗前的种子处理

1. 种子的选用

如果种子储藏年久，尤其在湿度大、气温高条件下储藏，具有生命力的胚芽部容易衰老变性，种子细胞原生质胶体失常，发芽时细胞分裂发生障碍导致畸形，同时稻种内影响发根的谷氨酸脱羧酶失去活性，容易丧失发芽力。在常温下，贮种时间越长、条件越差、发芽能力降低越快。因此，最好用头年收获的种子。常温下水稻种子寿命只有2年。含水率13%以下，储藏温度在0℃以下，可以延长种子寿命，但种子的成本会大大提高。因此，常规稻一般不用隔年种子。只有生产技术复杂，种子成本高的杂交稻种，才用陈种。

2. 种子量

每公顷需要的种子量，移栽密度30cm×13.3cm时需40kg左右；移栽密度30cm×20cm时需30kg左右；移栽密度30cm×26.7cm时需20kg左右。

3. 发芽试验

水稻种子处理前必须做发芽试验，以防因稻种发芽率低，而影响出苗率。

4. 晒种

浸种前在阳光下晒2~3天，保证催芽时，出芽齐，出芽快。

5. 选种

选种指的是浸种前，在水中选除瘪粒的工作。一般水稻种子利用米粒中的营养可以生长到2.5~3叶，因此，2.5~3叶期叫离乳期。如果用清水选种，就能选出空秕子，而没有成熟好的半成粒就选不出来。用这样的种子育苗时，没有成熟好的种子因营养不足，稻苗长不到2.5叶就处于离乳期，使其生长缓慢。到插秧时没有成熟好的种子长出的苗比完全成熟的稻苗少0.5~1.0个叶，在苗床上往往不能发生分蘖，而且出穗也晚3~5天。如果用这样的秧苗插秧，比完全成熟的种子长出的稻苗减产6.0%左右。所以选种时，水的相对比重应达到1.13(25kg水中，溶化6kg盐时，相对密度在1.13左右)。在这样的盐水中选种就可以把成熟差的稻粒全部选出来，为出齐苗、育好苗打下基础。但特别需要注意的是盐水选种后一定要用清水洗2次，不然种子因为盐害不能出芽。

6. 浸种

浸种时稻种重量和水的重量一般按1∶1.2的比例做准备，浸种后的水应高出稻种10cm以上。浸种时间对稻种的出芽有很大的影响，浸种时间短容易发生出芽不整齐现象，浸种时间过长又容易坏种。浸种的时间长短根据浸种时水的温度确定，把每天浸种的水温加起来达到100℃（如浸种的水温为1 5℃时，应浸7天）时，完成浸种，可以催芽。有些年份浸完种后，因气温低或育苗地湿度大不得不延长播种期。遇到这样的情况，稻种不应继续浸下去，把浸好的种子催芽后，在0～10℃的温度下，摊开10cm厚保管，既不能使其受冻，也不让其长芽。到播种时，如果稻种过干，就用清水泡半天再播种。

7. 消毒

催芽前的种子进行消毒是防止水稻苗期病害的最主要方法。按照消毒药的种类不同可分为浸种消毒、拌种消毒和包衣消毒，因此应根据消毒药的要求进行消毒。现在农村普遍使用的消毒药以浸种消毒为多，这种药的特点是种子和药放到一起，一浸到底，很省事。但浸种过程中，应每天把种子上下翻动一次，否则消毒水的上下药量不均，上半部的稻种因药量少，造成消毒效果差。

（二）催芽方法

催芽的原则是催短芽、催齐芽。种子是否出芽的标准是，只要破胸露白（芽长1mm）就说明这粒种子已出芽。现在农民催芽过程中坏种的事经常发生，问题主要出现在催芽稻种的加温阶段。催芽的最适温度为25～30℃，但浸种用的水温度一般较低，因此催芽前需要给稻种加温。如果加温时温度过高，一部分种子就失去发芽能力，那么在以后的催芽过程中这部分种子先坏种，进而影响其他种子。如果稻种加温时，温度不够或不匀，催芽就不齐，所以催芽前的加温是出芽好坏的最关键的环节。加温最简单的方法是，先在大的容器里预备60℃左右的水，之后把浸好的种子快速倒进并搅拌，此时的水温大致在25～30℃，就在此温度下泡3小时以上。或用大锅把水加热至35℃左右后，在锅上放两个棍子，在上面放浸完的种子，反复浇热水，把稻种加热到30℃左右。此后不需要加温直接捞出，控干催芽。这样的方法催芽，一般2天左右就可以催齐芽。

催芽过程中出芽80%左右时，就把种子放到阴晾的地方（防止太阳光直射或冻害发生）摊开10cm厚，晾种降温，在凉种降温过程中，余下的种子会继续出芽。如果等到所有的芽都出齐，那么先出的芽就长得很长，芽长短不齐会影响出苗率或出现钩芽现象。

1. 快速催芽法

育苗过程中有时出现坏种或育苗中期坏苗现象，如果此时还用常规的办法催芽就会耽误农时。因此可以选择早熟品种，采用浸种催芽一条龙的办法加速催芽。在33℃的水温下，消毒药、种子和水一起放到缸中，始终保持水温33℃左右，3～5天在水中就可以催出芽，或泡3天后把种子捞出来，不加温直接催芽。

2. 催芽过程中常出现的问题

（1）浸种时间不足。如果在浸种的水温不够、浸种的时间短的情况下催芽，那么就会出现出芽慢、出芽率低的现象。这种现象往往早熟品种表现更为严重。相同品种中，成熟不好的品种先出芽，没有出芽的稻粒的中心有时会出现没有泡透的白心。如果遇到这样的情况，应当把种子在30℃水温下泡半天后，再直接催芽。

（2）催芽热伤。因掌握不好温度，催芽时会出现很多热伤现象。热伤的种子芽势弱，催芽时间拉长，出现坏种；热伤的稻种往往表现为开始时出一部分芽，后来就出芽少或基本不出芽。稻种是否热伤应先看已出的芽有没有变色，如果芽尖变色，但芽根没变色，应立即摊开稻种降温。在种子已有60%～70%的出芽率时可以播种，出芽少时，应在30℃的水温下洗后，再催芽。但芽根已变色就应报废处理，重新购种按快速催芽法催芽。

3. 水稻催芽新方法

近年来，“水浸种与电热毯催芽”相结合的全快速方法较好地解决了优质稻、杂交早稻浸种催芽难的问题，深受广大农户的欢迎。

这种方法的主要优点：一是能使催芽率提高到95%以上，且芽壮根短，安全可靠。二是缩短了浸种催芽时间。从浸种到催芽标准芽，一般只需48个小时左右，比其他方法至少要缩短一半时间，有利于抢时播种。三是操作简便，省工省时。

其具体操作技术是：

（1）催芽前温床准备。将电热毯用新塑料农膜（不能用地膜与微膜）包2～3层，使电热毯四周不能进水，以免受潮漏电。然后择一保温性能好的房舍，打扫干净后用无病毒的干稻草、锯末等保温物垫底16～20cm厚，把包好薄膜的电热毯平铺于保温物上，再在电热毯上铺草席或竹席等，以便堆种催芽，并将温床四周用木板围好。

（2）种子消毒。按10g强氯精加45℃温水5kg搅拌均匀浸种3.5kg的比例，消毒2小时，然后捞出用清水洗净沥干，准备催芽。

（3）预热稻种。将经消毒的种谷倒入盛有55℃的热水容器中，边倒边翻动，静置3～5分钟后，再搅动调温3～4次，使种谷在35℃左右的温水中，充分预热、吸水1小时左右。

（4）电热毯催芽。将预热吸水的种谷捞出滤干，均匀地摊堆在电热毯温床上，一般1床单人电热毯可催稻种15～25kg。然后用塑料薄膜把种谷包盖住，在薄膜上加盖保温物，四周封牢扎紧，即可通电催芽。温床中要等距离插入2～3支温度计，始终保持25～32℃温度，如达到39℃时应停电降温。为了不烧坏电热毯，白天中午可停止通电3～5小时。催芽期间要勤检查温度、湿度，如稻种稍干时，应及时喷水增湿，并常翻动换气，使稻种受热均匀，芽齐芽壮。用此法，稻种经8～10小时开始破胸，24小时后可达90%以上。破胸出芽后，温度控制在25～28℃，湿度保持在80%左右，维持12小时左右即可催出标准芽待播。其他管理方法同常规。

（三）苗床准备

1. 苗床选择

苗床应选择在向阳、背风、地势稍高、水源近、没有喷施过除草剂，当年没有用过人粪尿、小灰、没有倾倒过肥皂水等强碱性物质的肥沃旱田地、菜园地、房前房后地等。如果没有这样的地方也可以用水田地，但水田地做苗床时，应把土耙细，没有坷垃、杂草等杂质，施用腐熟的有机肥每平方米15kg以上。

2. 育苗土准备

采用富含有机质的草炭土、旱田土或水田土等，都可以用来做育苗土。如果要培育素质好的秧苗就应该有目标的培养育苗土，一般2份土加腐熟好的农家肥1份混合即可。据试验，盐碱严重的地方应选择酸性强的草炭土，而且草炭土的粗纤维多，根系盘结到一起不容易散盘，移植到稻田中缓苗快，分蘖多等优点。

3. 苗田面积

手工插秧的情况下，30cm × 20cm 密度时每公顷旱育苗育 150m^2、盘育苗育 300 盘（苗床面积 50m^2）。30cm × 26.7cm 密度时每公顷旱育苗育 100m^2，每公顷盘育苗育 200 盘（苗床面积 36m^2）。机械插秧一般都是 30 cm × 13.3cm 密度，每公顷盘育苗育 400 盘（苗床面积 72m^2）。

这里还需要说明的是，推广超稀植栽培技术，要求减少播种量，因此，有些人认为，就应增加苗田面积。其实不然，如果在苗田播种量大的情况下，苗质弱的秧苗本田插秧时一穴可能插5 ~6 棵苗。但苗，田减少播种量后秧苗素质提高，稻苗变粗，有分蘖，本田插秧时只能插 2 ~3 棵苗。所以，在同样的插秧密度下，减少播种量后也不应增加苗田面积。

4. 做苗床

育苗地化冻 10cm 以上就可以翻地。翻地时不管是垄台，还是垄沟一定要都翻 10cm 左右，随后根据地势和不同育苗形式的需要自己掌握苗床的宽度和长度。先挖宽 30cm 以上步道土放到床面，然后把床土耙细耙平。苗床土的肥沃程度也决定秧苗素质，育苗时床面上每平方米施 15kg 左右的腐熟的农家肥，然后深翻 10cm，整平苗床。

（四）播种技术

1. 播种时间

播种时间按着预计插秧时的秧龄来确定。育 2.5 叶片的小苗时，出苗后生长的时间需要 25 ~30 天，3.5 叶片的中苗时需要30～35天，4.5叶片的大苗时需要35～40天，5.5叶片的大苗时需要45～50天。催芽播种的条件下，大田育苗需要7天左右出苗。据此根据插秧的时间，推算播种的时间。一般4月5～20日是育苗的最佳时期，在此期间原则上先播播种量少的旱育苗，后播播种量大的盘育苗。

2. 苗床施肥与盘土配制

对土的要求是，草炭土、旱田土最好。要求结构好、养分全、有机质含量高，无草籽、无病虫害等有害生物菌体；而农家肥应是腐熟细碎的厩肥，不要用炕土、草木灰和人粪尿等碱性物质。土与农家肥的比例为7：3，充分混合后即是育苗土。有草炭土资源的地方，以40%的田土，40%腐熟草炭土，再加20%腐熟的农家肥混合，搅拌均匀，即是很好的育苗土。

现在育苗一般都施用肥、调酸、杀菌一体的一次性特制育苗调制剂（营养土等），因调制剂的生产厂家不同，所配制的比例也不同，因此必须按照生产厂家说明书要求的比例使用，不能随意增加调制剂的用量。

育苗前根据不同育苗方式的需要，事先用育苗土和育苗调制剂配制好盘土，覆盖土不兑调制剂。不同的育苗方式需土量不同。

（1）旱育苗。把调制剂（营养土等）均匀撒在苗床上，然后深翻5cm以上，反复翻拌，使调制剂均匀混拌在5cm土层并整平。

（2）盘育苗。因为土的来源不同，土的相对密度（比重）有很大差异，所以应当先确定自备土的每盘需土量。一般每盘需要准备盘土2.0kg、覆盖土0.75kg。先装满配置好的盘土，然后用刮板刮去深0.5cm的土，以备播种。

（3）抛秧盘育苗。一般每盘需要准备盘土1.5kg、覆盖土

0. 5kg，配制好的盘土每个孔装满后刮平，装完土的抛秧盘摆起来备用。

3. 浇苗床底水

因为经过翻地做床等工作造成床土干燥，因此播种前一天需要对苗床浇底水。如果水浇不透出苗就不齐，出苗率也低。所以播种前一天浇水是出苗好坏的关键，要反复浇，浇透 10cm 以上，一定要把上面浇的水和地下湿土相连。

4. 播种量

盘育苗育 2. 5 叶龄的苗时，每盘播催芽湿种 120g；育 3. 5 叶龄的苗时，播催芽湿种 80g；育 4. 5 叶龄的苗时，播催芽湿种 60g；旱育苗每平方米播催芽湿种 150 ~ 200g；抛秧盘苗每孔播 2 ~ 3 粒。播种前浇一遍透水，再把种子均匀撒在盘或床面上。播完种的盘育苗放在苗床后应把盘底的加强筋压入土中，抛秧盘育苗盘的一半压入床面，苗盘摆完后盘的四边用土封闭，以免透风干燥。

5. 覆土

盘育苗和抛秧盘，覆土后与盘的上边一平。旱育苗的覆土应当细碎，是出苗好坏的最关键的技术环节。先覆土 0. 5cm 使看不到种子为止，然后用细眼喷壶浇一遍水，覆土薄的地方露籽时，给露籽的地方补土，然后再覆土 0. 5cm 刮平，最后用除草剂封闭。有些农户播种后用锹等工具把种子压入苗床后直接盖沙。这种办法一方面因压种子时如果不细，没有压入土中的种子就不出苗，出现秃床苗。另一方面直接盖沙土后除草剂封闭，因沙子不能吸附药液，浇水时药液就直接接触到种子，加重药害的发生。所以，把种子压入土中后，必须盖一层 0. 5cm 的土，以看不到种子为准，之后再盖沙子。

6. 盖膜

小拱棚育苗最好采用开闭式的方法，苗床做成2m宽，实际播种宽为1.8m，竹条长度2.4m，每0.5m插竹条，竹条高度为0.4m，用绳把竹条连接固定。盖塑料薄膜后，用绳把每个竹条的空固定，防止大风掀开塑料薄膜。

大棚育苗的育苗设施，采用钢架式结构，标准大棚的长度是63.63m、宽5.4m、高2.7m，每0.5m插一骨架（钢管），两边围裙高1.65m，钢管与钢管之间用横向钢管固定，两面留有门。用三幅塑料膜覆盖，顶棚用一个膜盖到边围裙下0.2m，两边围裙各盖一个膜到顶棚膜上0.2m，每个钢架中间用绳等物固定塑料膜。

中棚育苗是农户创造的介于小棚和大棚的中间型，生产上使用的中棚有很多方式，但大部中棚的高度不足，影响作业质量。因此，中棚的高度应该高于作业者的身高，其他方法参考大棚育苗盖膜方法。

（五）苗期管理

1. 温度管理

出苗至2.5叶前，棚内温度控制在30℃以下；秧苗长到2.5叶后，开始棚内温度控制在25℃以下。

水稻的生长过程中，一般高温长叶，低温长根。因此，在温度管理上应坚持促根生长的措施，严格控制温度。据观察育苗期间，晴天气温与棚内温度处于加倍的关系（如气温15℃时棚内温度就可能达到30℃以上），所以可以利用这个规律，当天的气温15℃以上时，就应进行小口通风，随温度的升高逐步扩大通风口。

2. 水分管理

育苗过程中水分管理是最重要的技术，每次浇水少而过勤就影响苗床的温度，而且容易造成秧苗徒长，影响根系发育，所以育苗期间尽可能少浇水。浇水的标准是早晨太阳出来前，如果稻叶尖上有大的水珠（这个水珠不是露水珠，而是水稻自身生理作用吐出来的水）时，不应浇水，没有这个水珠就应当利用早晚时间浇一次透水。但是抛秧盘育苗的浇水，大通风开始后，一般很难参考这个标准，应根据实际情况浇水。

3. 壮秧标准

壮秧是水稻高产的基础，俗话说“秧好半年粮”。一般来讲，不同地区、不同栽培制度、不同育苗方式、不同熟期的品种等，应具有不同的壮秧标准。尽管壮秧标准不同，但基本要求是一致的，即移栽后发根快而多，返青早，抗逆性强，分蘖力强，易早生快发。综合起来就是生活力强，生产力高。这样的秧苗才是壮秧。

从外观讲，壮秧具备根系好，同根节位根数足，须根和根毛多，根色正，白根多，无黑灰根；地上假茎扁粗壮，中茎短，颈基部宽厚；秧苗叶片挺拔硬朗，长短适中，不弯不披；秧苗高矮一致，均匀整齐；同伸分蘖早发，潜在分蘖芽发育好，干重高，充实度好，移栽后返青快、分蘖早；无病虫害，不携带虫瘿、虫卵和幼虫，不夹带杂草。

培育水稻壮苗需要抓住以下几个时期：第一个时期是促进种子长粗根、长长根、须根多、根毛多，吸收更多的养分，为壮苗打基础。此期一般不浇水，过湿处需要散墒、过干处需要喷补水，顶盖处敲落、漏籽处需要覆土补水。温度以保温为主，保持在32℃以下，最适温度为25～28℃，最低不得低于10℃。20%～30%的苗第一叶露尖及时撤去地膜。第二个时期为管理的重点时期，地上部管理是控制第一叶叶鞘高度不超过3cm，地下部促发叶鞘节根系的生长。此期温度不超过28℃，适宜温度为22～25℃，最低不得低于10℃。水分管理应做到，床土过干处，适量喷浇补水，一般保持干旱状态。第三个时期，重点是控制地上部1～2叶叶耳间距和2～3叶叶耳间距各1cm左右；地下部促发不完全叶节根健壮生长。因此，需要进一步做好调温、控水和灭草、防病，以肥调匀秧苗长势等管理工作。温度管理，2～3叶期，最高温度25℃，适宜温度2叶期22～24℃，3叶期20～22℃。最低温度不得低于10℃。特别是2.5叶期温度不得超过25℃，以免出现早穗现象。水分管理要三看管理，一看早、晚叶尖有无水珠；二看午间高温时新叶展开叶片是否卷曲；三看床土表面是否发白和根系生长状况，如果早晚不吐水、午间新叶展开叶片卷曲、床土表面发白，宜早晨浇水并一次浇足。1.5叶和2.5叶时各浇一次pH值4～4.5的酸水，1.5叶前施药灭草，2.5叶酌情施肥。第四个时期，在插秧移栽前3～4天开始，在不是秧苗萎蔫的前提下，不浇水，进行蹲苗壮根，以利于移栽后返青快、分蘖早。在移栽前一天，做好秧苗“三带”，即一带肥（每平方米施磷酸二铵120～150g）；二带药，预防潜叶蝇；三带增产菌等，进行壮苗促蘖。

二、本田整地

（一）一般田整地

洼地或黏土地最好是秋翻，需要春翻时，应当早点翻地，翻地不及时土不干，泡地过程中不把土泡开很难保证耙地质量。耙地并不是耙得越细越好，耙地过细，土壤中空气少，地板结影响根系生长。因此，耙地应做到在保证整平度的前提下，遵循上细下粗的原则，既要保证插秧质量，又要增加土壤的孔隙度。

（二）节水栽培整地

春季泡田水占总用水量的50%左右，而夏季雨水多，一般很少缺水。所以春季节水成为节水种稻的关键，水稻免耕轻耙节水栽培技术，极大地缓解了春季泡田水的不足，解决了井灌稻田的缺水问题。但此项技术不适应于沙地等漏水田。水稻免耕轻耙节水栽培技术的整地主要是在不翻地的前提下，插秧前3～5天灌水。耙地前保持寸水，千万不能深水耙地。因为此次耙地还兼顾除草，水深除草效果差。耙地应做到使地表3～5cm土层变软，以便插秧时不漂苗。

（三）盐碱田整地

盐碱地种稻在我国相对比较少，但也有一部分播种面积。盐碱地稻田为了方便洗碱，一般要求选择排水方便的地块，并且稻田池应具备单排单灌。稻田盐碱轻（pH值8.0以下）时，除了新开地外，可以不洗碱。pH值8.0～8.5的中度盐碱时，必须洗1～2次。洗盐碱时，水层必须淹没过垡块，泡2～3天后排水，洗碱后复水要充足，防止落干，以防盐碱复升。经过洗盐碱，使稻田水层的pH值降至轻度盐碱程度后施肥、插秧。

（四）机插秧田整地

机械插秧的秧苗小，插秧机的重量重，整地要求比较严格。机插秧地的翻地不能过深，翻地过深时犁底容易不平，造成插秧深度不一致，一般10cm左右即可。耙地使用大型拖拉机时，尽量做到其轮子不走同一个位置，以便减少底部不平。耙地后的平整度应达到5cm以内。

（五）旱改水田整地

一般玉米田使用阿特拉津、嗪草酮、赛克津等除草剂，大豆田用乙草胺、豆黄隆、广灭灵等除草剂除草。这样的除草剂的残效期都在两年以上，在使用这些除草剂的旱田改水田时，容易出现药害，表现为苗黄化、矮化、生长慢、分蘖少或不分蘖。如果使用上述农药的旱田改种水稻时，尽量等到残效期过后改种。旱田非改不可时，即使是没用上述农药，旱田改种水稻时，耙地前必须先洗一次。插秧前或后，打一些沃土安、丰收佳一类的农药解毒剂。

第四节　适时收获与储藏

水稻适时收获是确保稻谷产量、稻米品质、提高整精米率的重要措施。收获太早，籽粒不饱满，千粒重降低，青米率增多，产量降低、品质变差。收割过晚，掉粒断穗增多，撒落损失过重，稻谷水分含量下降，加工整精米率偏低，稻谷的外观品质下降，商品性能降低，丰产不丰收。

水稻收获的最佳时期是稻谷的蜡熟末期至完熟初期，其含水量在20%～25%最为适宜。此时稻谷植株大部分叶片由绿变黄，稻穗失去绿色，穗中部变成黄色，稻粒饱满，籽粒坚硬并变成黄色即（农谚：九黄十收），就应收获。

收获后的稻谷含水量往往偏高，为防止发热、霉变，产生黄曲霉，应及时将稻谷摊于晒场上或水泥地上晾晒2～4天，使其含水量到14%，然后入仓。谷子的储藏方法有两种：一是干燥储藏，在干燥、通风、低温的情况下，谷子可以长期保存不变质；二是密闭储藏，将储藏用具及谷子进行干燥，使干燥的谷粒处于与外界环境条件相隔绝的情况下进行保存。

科学储粮对粮仓的要求是：

①储粮的粮仓要具有很好的防水防潮性能，密封性好，通

风良好，以便散热，降低粮温。

②要求粮仓能隔热保温，修建粮仓应选择隔热良好的材料建仓或加厚仓壁。

③粮仓要坚固牢实，粮食堆装后，四壁能承受粮堆压力。粮堆越高，则压力越大，因此，粮仓地基要牢固。仓库四壁要结实，以防止发生倒塌等事故发生。

第二章　小　麦

第一节　概　述

小麦是全世界分布范围最广、栽培面积最大、总产量最高的粮食作物。全世界约一半的人口以小麦作为主要粮食。我国是世界上种植小麦面积最大、产量最高的国家，小麦作为我国三大主粮之一，其库存水平和综合生产能力直接影响我国的粮食安全。

从消费结构来看，小麦主要用于食用消费、种子消费、工业消费和饲料消费等，其中，食用消费比例最高。在我国，小麦是仅次于水稻的第二大粮食作物。小麦制品作为口粮在人民生活中具有不可替代的作用。不仅北方大多数人将小麦作为主粮，就是以米食为主的南方人在餐饮中消费面制品也不鲜见。小麦籽粒营养丰富，蛋白质含量高，一般为11%～14%，高的可达18%～20%；氨基酸种类多，适合人体生理需要；脂肪、维生素及各种微量元素等对人体健康有益。另外，小麦加工后的副产品中含有蛋白质、糖类、维生素等物质，是良好的饲料，麦秆还可用来制作手工艺品，也可作为造纸原料。籽粒含水量较低，易于储藏和运输，是主要的商品粮之一，在国际、国内的粮食贸易中占有很大的份额。小麦对气候和土壤的适应能力较强，既能在温度较高的南方生长，也能忍受北方－20℃的严寒，山地、丘陵、平原的沙土和黏土均可种植。小麦可与多种作物实行间、套种，能充分利用自然资源，提高复种指数。小麦在耕作、播种、收获等环节中都便于实行机械化操作，有利于提高劳动生产率，形成规模化生产。

一、概念

优质小麦是指品质优良、具有专门加工用途的小麦，且经过规模化、区域化种植，种性纯正、品质稳定，达到国家优质小麦品种品质标准，能够加工成具有优良品质的专用食品的小麦。优质小麦必须具备优质、专用、稳定3个基本特征。

二、优质专用小麦类型及标准

根据GB/T 1.2—2002标准，规定了专用小麦品种品质的分类。根据小麦籽粒用途的特点分为3类。

强筋小麦：角质率大于70%，胚乳为硬质，蛋白质含量高，面粉筋力较强，延伸性好，适用于制作面包，也适用于制作其他面条或用于配麦。

中筋小麦：胚乳为半硬质或软质，蛋白质含量和面粉筋力中等，适用于制作面条、饺子、馒头等食品。

弱筋小麦：角质率小于30%，胚乳为软质，蛋白质含量低，面粉筋力较弱，适用于制作饼干、糕点等食品。

其中，强筋小麦角质率不低于70%，加工成的小麦粉筋力强，适合于制作面包等食品。弱筋小麦粉质率不低于70%，加工成的小麦粉筋力弱，适合于制作蛋糕和酥性饼干等食品。降落数值、粗蛋白含量、湿面筋含量、面团稳定时间及烘焙品质评分值必须达到规定的质量标准，其中一项不合格者不作为优质小麦。

第二节 主要优良品种介绍

一、宁麦9号

1. 品种来源

该品种系江苏省农业科学院粮食作物研究所选育而成，组合为扬86－17×西风，1997年通过江苏省农作物品种审定委员会审定。

2. 品质性状

粗蛋白含量10.6%，湿面筋含量19.3%，沉降值26.0ml，面团形成时间1.5分钟，稳定时间1.5分钟，符合国家优质弱筋小麦的标准，适宜制作优质饼干、糕点。该品种对地理差异适应性较强，在不同地理条件下品质变异较小。

3. 特征特性

春性，中早熟，幼苗半直立，叶色深绿，根系发达，分蘖力强，成穗率高，株高85cm左右，茎秆弹性好，抗倒伏能力较强，穗纺锤形，长芒，白壳，小穗小花结实率高，退化小穗少，每穗粒数多，籽粒饱满，红皮，粉质。高抗梭条花叶病，中抗赤霉病，中感白粉病，纹枯病较轻，耐湿性强，但不抗叶锈病。

二、扬麦13

1. 品种来源

该品种系江苏里下河地区农业科学研究所选育而成，原名为扬97－65，2002年11月通过安徽省审定定名，2003年通过江苏省审定。

2. 品质性状

粗蛋白含量10.2%，容重796g/L，湿面筋含量19.7%，沉降值23.1ml，吸水率54.1%，面团形成时间1.4分钟，稳定时间1.1分钟，符合国家优质弱筋小麦的标准，适宜制作优质饼干、糕点。

3. 特征特性

春性，中早熟，幼苗直立，长势旺盛，株高85～90cm，茎秆粗壮，株型紧凑，植株整齐，穗圆锤形，长芒、白壳、红粒、粉质。分蘖性中等，成穗率较高，一般有效穗420万穗/hm^2左右，每穗结实粒数40～42粒，千粒重40g。抗病抗逆性强，高抗白粉病，中抗纹枯病，耐寒、耐湿性较好，耐肥抗倒，生产中可减少农药的施用量，有利于优质弱筋小麦的无公害生产与产业化开发。

三、皖麦48

1. 品种来源

该品种系安徽农业大学选育，亲本组合为矮早781×皖宿8802，2002年通过安徽省农作物品种审定委员会审定，2004年通过国家农作物品种审定委员会审定。

2. 品质性状

该品种白粒，粉质，面筋弱，容重776～787g/L，蛋白质含量12.5%～13.4%，湿面筋含量24.8%～28.5%，沉降值21.0～21.3ml，吸水率53.1%～55.1%，面团稳定时间1.5～2分钟，最大抗延阻力83～86EU，拉伸面积22cm^2。

3. 特征特性

弱春性、中熟，幼苗半直立，长势中等，分蘖力较强。株高85cm，株型略松散，穗层不整齐。穗纺锤形，长芒、白壳、白粒、籽粒粉质，黑胚率偏高。平均穗数36万穗/亩，穗粒数34粒，千粒重39g。抗寒性差，抗倒性偏弱，较耐旱，抗高温，耐湿性一般。中感条锈病、纹枯病，高感白粉病、赤霉病和叶锈病。

4. 栽培技术

适宜播期为10月中旬至10月下旬，注意播期不能过早，以防止冻害发生，基本苗15万株/亩（1亩≈667m^2。全书同）左右。为了稳定弱筋小麦品质，应调减基、追氮肥的比例，一般基肥占70%～80%，返青肥占20%～30%，少施或不施拔节孕穗肥，生育后期宜喷施磷酸二氢钾。注意防治叶锈病、条锈病、赤霉病和白粉病。

四、扬麦11号

1. 品种来源

该品种系江苏里下河地区农业科学研究所与南京农业大学细胞遗传研究所合作选育的抗病、高产、优质中筋小麦新品种，2001年通过江苏省审定，并被列为国家“863”计划和省农业三项工程产业化开发推广的新品种。

2. 品质性状

蛋白质含量13.1%，沉降值50ml，湿面筋含量30.6%，吸水率59.7%，面团形成时间4.0分钟，稳定时间5.2分钟，主要指标均优于扬麦158，适宜制作优质蒸煮类食品。

3. 特征特性

春性，株高95cm左右，穗长方形，长芒，白壳，红粒，皮色淡，半角质，籽粒大而饱满，千粒重43～46g，有效穗数28万个/亩左右，每穗36～38粒，灌浆速率快，后期熟相好。高抗白粉病，中抗赤霉病，纹枯病轻，耐湿，耐高温逼熟。

4. 栽培技术

扬州市播种期宜在10月25日至11月5日，适当降低基本苗，一般以15万~20万株/亩为宜，坚持群体质量栽培。在施足基苗肥的基础上，控制中期用肥，重施拔节孕穗肥，以充分发挥该品种大穗大粒的特点，提高产量和品质。根据病虫预测预报，及时防治赤霉病、纹枯病、蚜虫等病虫害。

五、扬麦12号

1. 品种来源

该品种系扬麦12号是由江苏里下河地区农业科学研究所与南京农业大学合作采用滚动回交与分子标记辅助选择相结合育成。2001年通过国家农作物品种审定委员会审定，并被全国农业技术推广服务中心列入2002年全国重点推广的10个小麦新品种之一。适宜于长江中下游麦区推广种植，尤其适用于白粉病重发及肥水条件较好的地区。

2. 品质性状

容重772g/L，蛋白质含量11.5%，湿面筋含量24.4%，面团稳定时间2.8分钟。

3. 特征特性

春性，株高92cm左右，长芒，白壳，红粒，分蘖成穗率高，30万~32万穗/亩，每穗36粒左右，千粒重40~42g。高抗白粉病，中抗赤霉病，纹枯病轻，耐寒，耐肥、抗倒性较好，耐高温逼熟，后期灌浆快，熟相较好。

4. 栽培技术

播期以10月25日到11月5日为宜，耐迟播能力较强，采用前促、中控、后攻原则，基肥占60%，中期少施，拔节孕穗肥占30%，一般施纯氮18kg/亩左右，重视拔节孕穗肥的施用。

同时要做到沟系配套，秋播及早春阶段搞好化除，不需要用药防治白粉病，但要注意赤霉病、纹枯病及穗期蚜虫的防治。

六、连麦2号

1. 品种来源

该品种系江苏连云港市农业科学院以鉴94（73）×鲁麦21选育而成，2005年江苏省农作物品种审定委员会审定，审定编号为苏审麦200504。

2. 品质性状

容重814g/L，粗蛋白质含量14.17%，湿面筋含量29.0%，沉降值33.5ml，吸水率62.3%，稳定时间8.2分钟，最大抗延阻力335EU。

3. 特征特性

该品种为半冬性，幼苗半匍匐，叶色深绿，苗壮，抗寒性较好，株型紧凑，叶片上冲，株高80～85cm，基部节间壁厚，茎秆弹性好，耐肥抗倒性强。分蘖力强，成穗率高，平均成穗40万～45万穗/亩，穗纺锤形，长芒、白壳、中穗，小穗排列紧，每穗结实30～33粒，籽粒白皮，饱满度好，整齐度好，角质，商品性好，千粒重40～42g。早中熟，熟相较好，综合抗性较好，抗倒、抗寒、抗病性较好。适宜黄淮南片麦区的河南省中北部、安徽省北部、江苏省北部、陕西关中地区及山东荷泽等地优质麦适宜区高中产水肥地早中茬种植。

4. 栽培技术

适播期为9月下旬至10月上中旬，最佳播期为10月5～15日，一般基本苗12万～15万株/亩。中上等施肥量，全生育期施纯氮20～25kg/亩，磷（P_2O_5）8～10kg/亩，钾（K_2O）6～8kg/亩，基肥60%～70%，在肥料运筹上，有机肥和磷钾肥等基肥一次施入，无机氮肥基肥与中后期追肥比例以5：5或6：4为宜。

七、济麦19号（原代号935031）

1. 品种来源

该品种系山东省农业科学院作物研究所选育而成，2001年4月通过山东省农作物品种审定委员会审定，审定编号为鲁农审字2001002号。2003年1月通过国家农作物品种审定委员会审定，审定编号为国审麦2003014。

2. 品质性状

粗蛋白含量分别为13.8%和14%，湿面筋含量为34.5%和31.2%，沉降值为36.7ml和38.1ml，吸水率62.3%和65.3%，面团稳定时间8.0分钟和6.0分钟。

3. 特征特性

冬性，幼苗半匍匐1，叶片深绿色，株型较紧凑，分蘖力强，成穗率较高，生育期244天，有效穗数39.3万穗/亩，有效分蘖率40%，株高82.9cm，穗粒数35.1粒，千粒重39.4g，容重764.6g/L。穗形长方形，长芒、白壳、白粒，硬质。熟相较好，籽粒椭圆、较饱满，抗倒伏性中等。感条锈病，中感和中抗叶锈病（抗感并存），抗白粉病。

4. 栽培技术

适宜在山东省400～500kg/亩推广种植，最佳播期范围为10月1～15日。鲁西北及鲁北地区适播期以10月1～10日为宜；鲁西南和鲁南地区以10月5～15日为宜；鲁中地区多为丘陵山地，可根据不同地区气候条件确定适宜的播期。高产栽培条件下要求基本苗10万～12万株/亩，冬前群体应控制在60万～80万/亩，春季最大群体应控制在80万～100万/亩，最终成穗40

万穗/亩左右。高产地块须水肥后移，酌情采取化控措施壮秆防倒。

八、绵麦43

1. 品种来源

该品种系四川省绵阳市农业科学研究所最新育成，由四川良种业有限责任公司独家开发。

2. 品质性状

蛋白质含量15.33%，湿面筋含量28.1%，沉降值36.3ml，面团稳定时间4.15分钟，属中筋小麦品种。

3. 特征特性

该品种属春性中早熟品种，全生育期188天左右。株高80cm左右，幼苗较直立，叶片宽度中等，株型较紧凑。穗长方形，长芒、颖壳白色，穗长11～13cm，每穗结实20～22粒，结实40粒以上，籽粒卵圆形，半角质，腹沟浅，千粒重47.5g，分蘖力强，成穗率高。本品种耐旱、耐瘠、耐湿性较强，耐肥及抗倒伏力强。高抗条锈病，高抗白粉病，是目前审定品种中少有的双高抗小麦新品种。

4. 栽培技术

适时播种，盆地在10月23日至11月5日播种为宜，基本苗10万～12万株/亩，施用纯氮10～12kg/亩，配合磷钾肥施用。适宜在四川平坝、丘陵和低山区种植，同时也适宜在长江中上游相似生态区种植。

九、川麦42

1. 品种来源

该品种系四川省农业科学院作物所利用节节麦人工合成种

与四川小麦杂交、回交选育而成，2004 年四川省农作物品种审定委员会审定。

2. 品质性状

容重平均778g/L，粗蛋白质含量平均14.15%，湿面筋平均27.85%，沉降值平均36.7ml，形成时间3.4 分钟，面团稳定时间平均5.15 分钟，川麦42 的品质达到国家优质中筋小麦标准，适宜做馒头和面条等。

3. 特征特性

全生育期 196 天，幼苗半直立，分蘖力强，苗叶窄，长势旺盛，株高 90cm，植株整齐，成株叶片长略披。穗长锥形，红粒，籽粒粉质至半角质，平均穗数 25 万穗/亩，穗粒数 35 粒，千粒重 47g。对秆锈病和条锈病免疫，高感白粉病、叶锈病和赤霉病。

4. 栽培技术

适期早播，播种期霜降至立冬，基本苗 14 万～18 万株/亩，较高肥水条件下适当控制播种密度，防止倒伏。每亩施纯氮10kg，磷 7kg，钾肥 7kg，重施底肥（70%），施苗肥（10%）、拔节肥（20%）。注意防治白粉病、叶锈病、赤霉病和蚜虫。适宜在四川、重庆、贵州、云南、陕西南部、河南南部、湖北西北部等长江上游冬麦区种植。

十、豫麦 18－64

1. 品种来源

该品种系河南省豫西农作物品种展览中心选育。

2. 品质性状

容重 808g/L，蛋白质含量 13.89%，湿面筋含量 26.5%，沉降值 15.3ml，吸水率 58.32%，面团稳定时间 1.8 分钟。

3. 特征特性

弱春性多穗型矮秆早熟品种，长芒、白壳、白粒、千粒重40g，株型较紧凑，株高75~80cm，茎秆有弹性，抗倒性较好，上部叶片小而上举，灌浆快，早熟、落黄好。

4. 栽培技术

适宜中晚茬种植，一般播期10月15~20日，早播易产生冻害，播量8kg/亩左右。注意防治锈病、纹枯病及蚜虫等病虫害。

十一、豫麦34

1. 品种来源

该品种系郑州市农业科学研究所以矮丰3号×（孟201×牛株特）为母本，以豫麦2号为父本于1988年杂交选育而成，原名郑农7号，1994年经河南省农作物品种审定委员会审定通过，1998年定为国审小麦品种。

2. 品质性状

容重802g/L，蛋白质含量15.4%，湿面筋32.1%，沉降值55.5ml，吸水率62.6%，面团形成时间8.1分钟，稳定时间10.3分钟，面包评分值71分，达到国家优质面包小麦标准。

3. 特征特性

该品种属弱春性大穗早熟品种，生育期225天，幼苗直立，生长健壮，株型紧凑，叶片大、半披，叶色淡绿，旗叶长，茎叶蜡质重，株高80cm左右，分蘖力中等，成穗率高，穗长方形，长芒、白壳，白粒、椭圆形。角质，千粒重40~45g，高抗条锈和叶锈病，中感白粉、叶枯病。

4. 栽培技术

适宜河南省北中部地区推广种植，播期为10月15日左右，播量8~9kg/亩，根据不同土壤肥力，要求增施农家肥作基肥，氮、磷、钾肥配合施用，晚播应适当增加播量，返青、齐穗期注意喷洒粉锈宁、磷酸二氢钾及氧化乐果，注意及时防治蚜虫。

十二、郑麦 9023

1. 品种来源

该品种系河南省农业科学院小麦研究所于 1990 年用西农 881×陕 213 选育而成，2001 年 8 月由河南省农作物品种审定委员会审定通过。

2. 品质性状

粗蛋白 15.06%，湿面筋 32.1%，沉降值 51.2ml，吸水率 64.6%，面团形成时间 11 分钟，稳定时间 22.5 分钟，评价值 83 分，面包评分值 77 分，品质达到国家优质面包小麦标准。

3. 特征特性

该品种属弱春性早熟品种，苗期长势一般，分蘖力中等，春季生长快，成穗率高，株型紧凑，株高 80cm 左右，长相清秀，抽穗成熟早，落黄好，穗层整齐，穗码稀，千粒重 45g 左右，穗纺锤形，长芒，籽粒角质，白粒，粒色黄亮，高抗条锈，中抗叶锈和纹枯病。

4. 栽培技术

播期为 10 月 15 日左右，播种量 7～8kg/亩，底肥施用量为每亩氮肥 8～10kg、磷 7～10kg、钾 5kg，3 月中下旬追施尿素 7.5～10kg/亩，灌装中期施用 2% 尿素水溶液进行根外追肥，生育中后期注意防治白粉病和穗蚜。

十三、小偃 54

1. 品种来源

该品种系中国科学院遗传与发育研究所于 1985 年用从西北

植物研究所引进的小偃6号为原始材料育成的优质强筋小麦新品种，2000年通过陕西省农作物品种审定委员会审定。

2. 品质性状

蛋白质含量17.44%，湿面筋43.7%，沉降值49.6ml，吸水率65.5%，面团形成时间7分钟，稳定时间3.5分钟，面包评分值93.9分，达到国家优质面包小麦标准。

3. 特征特性

属半冬性、中早熟品种，幼苗匍匐，深绿色，分蘖力强，成穗率高，一般亩穗数40万上下，旗叶上挺，株型紧凑，株高85cm左右，穗纺锤形，小穗较密。籽粒白色，硬质，千粒重43g左右。抗干热风，成熟落黄好，抗病性好。

4. 栽培技术

播种期为10月上旬到中旬，播种量4~5kg/亩，可根据地力、播期早晚和整地质量适当调节播量，拔节前喷多效唑或壮丰安降低株高，成穗数控制在45万/亩左右为宜，注意做好防治蚜虫的工作，中后期搞好一喷三防。

第三节 高产栽培技术

一、优质小麦的生产计划与整地播种

（一）品种选择与种子处理

1. 小麦生产的良种选用原则

良种是小麦生产最基本的生产资料之一，包括优良品种和优良种子两个方面。使用高质量良种是使小麦生产达到高产、稳产、优质和高效目标的重要手段。优良品种是在一定自然条

件和生产条件下，能够发挥品种产量和品质潜力的种子，当自然条件和生产条件改变了，优良品种也要作相应的改变。选用良种必须根据品种特性、自然条件和生产水平，因地制宜。既要考虑品种的丰产性、抗逆性和适应性，又要防止用种的单一性。一般在品种布局上，应选用2～3个品种，以一个品种为主（当家品种），其他品种搭配种植，这样既可以防止因自然灾害而造成的损失，又便于调剂劳力和安排农活。选用小麦良种应做到以下5点。

第一，根据当地的气候生态条件，选用生长发育特性适合当地条件的品种，避免春性过强的品种发生冻害，冬性过强的品种贪青晚熟。

第二，根据当地的耕作制度、茬口早晚等，选择适宜在当地种植的早、中、晚熟品种。

第三，根据当地生产水平、肥力水平、气候条件和栽培水平确定品种类型和不同产量水平的品种。

第四，要立足抗灾保收，高产、稳产和优质兼顾，尤其要抵御当地的主要自然灾害。

第五，更换当家品种或从外地引种时，要通过试种、示范，再推广应用，以免给生产造成经济损失。

2. 小麦生产的种子质量要求

优良种子是实现小麦壮苗和高产的基础。种子质量一般包括纯度、净度、发芽力、种子活力、水分、千粒重、健康度、优良度等，我国目前种子分级所依据的指标主要是种子净度、发芽率和水分，其他指标不作为分级指标，只作为种子检验的内容。

（1）品种纯度。小麦品种纯度是指一批种子中本品种的种子数占供检种子总数的百分率。品种纯度高低会直接影响到小麦良种优良遗传特性能否得到充分发挥和持续稳产、高产。小麦原种纯度标准要求不低于99.9%，良种纯度要求不低于99%。

（2）种子净度。种子净度是指种子清洁干净的程度，具体到小麦来讲是指样品中除去杂质和其他植物种子后，留下的小麦净种子重量占分析样品总重量的百分率。小麦原种和良种净度要求均不低于98%。

（3）种子发芽力。种子发芽力是指种子在适宜的条件下发芽并长成正常幼苗的能力，常采用发芽率与发芽势表示，是决定种子质量优劣的重要指标之一。在调种前和播种前应做好种子发芽试验，根据种子发芽率高低计算播种量，既可以防止劣种下地，又可保证田间苗全、苗齐，为小麦高产奠定良好基础。

种子发芽势是指在温度和水分适宜的发芽试验条件下，发芽试验初期（3天内）长成的全部正常幼苗数占供试种子数的百分率。种子发芽势高，表明种子发芽出苗迅速、整齐、活力高。

种子发芽率是指在温度和水分适宜的发芽试验条件下，发芽试验终期（7天内）长成的全部正常幼苗数占供试种子数的百分率。种子发芽率高，表示有生活力的种子多，播种后成苗率高。小麦原种和良种发芽率要求均不低于85%。

（4）种子活力。种子活力是指种子发芽、生长性能和产量高低的内在潜力。活力高的种子，发芽迅速、整齐，田间出苗率高；反之，出苗能力弱，受不良环境条件影响大。种子的活力高低，既取决于遗传基础，也受种子成熟度、种子大小、种子含水量、种子机械损伤和种子成熟期的环境条件，以及收获、加工、储藏和萌发过程中外界条件的影响。

（5）种子水分。种子水分也称种子含水量，是指种子样品中所含水分的重量占种子样品重量的百分率。由于种子水分是种子生命活动必不可少的重要成分，其含量多少会直接影响种子安全储藏和发芽力的高低。种子样品重量可以用湿重（含有水分时的重量）表示，也可以用干重（烘失水分后的重量）表示。因此，种子含水量的计算公式有两种表示方法。

种子水分 = 样品重 – 烘干重样品重 × 100% （以湿重为基数）

种子水分 = 样品重 – 烘干重烘干样品重 × 100% （以干重为基数）

小麦原种和良种种子水分要求均不高于 13% （以湿重为基数）。

3. 小麦生产的种子精选与处理

小麦生产的种子准备应包括种子精选和种子处理等环节。

（1）种子精选。在选用优良品种的前提下，种子质量的好坏直接关系到出苗与生长整齐度，以及病虫草害的传播蔓延等问题，对产量有很大影响。实施大面积小麦生产，必须保证种子的饱满度好、均匀度高，这就要求必须对播种的种子进行精选。精选种子一般应从种子田开始。

首先，建立种子田。种子田就是良种供应繁殖田。良种繁殖田所用的种子必须是经过提纯复壮的原种，使其保持良种的优良种性，包括良种的特征特性、抗逆能力和丰产性等。种子田收获前还应进行严格的去杂去劣，保证种子的纯度。

其次，精选种子。对种子田收获的种子要进行严格的精选。目前精选种子主要是通过风选、筛选、泥水选种、精选机械选种等方法，通过种子精选可以清除杂质、瘪粒、不完全粒、病粒及杂草种子，以保证种子的粒大、饱满、整齐，提高种子发芽率、发芽势和田间成苗率，有利于培育壮苗。

（2）种子处理。小麦播种前为了促使种子发芽出苗整齐、早发快长以及防治病虫害，还要进行种子处理。种子处理包括播前晒种、药剂拌种和种子包衣等。

播前晒种。晒种一般在播种前 2～3 天，选晴天晒 1～2 天。晒种可以促进种子的呼吸作用，提高种皮的通透性，加速种子的生理成熟过程，打破种子的休眠期，提高种子的发芽率和发芽势，消灭种子携带的病菌，使种子出苗整齐。

药剂拌种。药剂拌种是防治病虫害的主要措施之一。生产上常用的小麦拌种剂有 50% 辛硫磷，使用量为每 10kg 种子 20ml；2% 立克锈，使用量为每 10kg 种子 10～20g；15% 三唑酮，使用量为每 10kg 种子 20g。可防治地下害虫和小麦病害。

种子包衣。把杀虫剂、杀菌剂、微肥、植物生长调节剂等通过科学配方复配，加入适量溶剂制成糊状，然后利用机械均匀搅拌后涂在种子上，称为包衣。包衣后的种子晾干后即可播种。使用包衣种子省时、省工、成本低、成苗率高，有利于培育壮苗，增产比较显著。一般可直接从市场购买包衣种子。生产规模和用种较大的农场也可自己包衣，可用 2.5% 适乐时作小麦种子包衣的药剂，使用量为每 10kg 种子拌药 10～20ml。

（二）水肥运筹与基肥施用

1. 小麦的需水规律

小麦的需水规律与气候条件、冬麦和春麦类型、栽培管理水平及产量高低有密切关系。其特点表现在阶段总耗水量、日耗水量（耗水强度）及耗水模系数（各生育时期耗水占总耗水量的百分数）方面。冬小麦出苗后，随着气温降低，日耗水量也逐渐下降，播种至越冬，耗水量占全生育期的 15% 左右。入冬后，生理活动缓慢、气温降低，耗水量进一步减少，越冬至返青阶段耗水量只占总耗水量的 6%～8%，耗水强度在 $10m^3/$

hm^2·日左右，黄河以北地区更低。返青以后，随着气温的升高，小麦生长发育加快，耗水量随之增加，耗水强度可达 $20m^3/hm^2$·日。小麦拔节以前温度低，植株小，耗水量少，耗水强度在 $10\sim20m^3/hm^2$·日，棵间蒸发占总耗水量的30%～60%，150余天的生育期内（占全生育期的2/3左右），耗水量只占全生育期的30%～40%。拔节以后，小麦进入旺盛生长期，耗水量急剧增加，并由棵间蒸发转为植株蒸腾为主，植株蒸腾占总耗水量的90%以上，耗水强度达 $40m^3$/公顷·日以上，拔节到抽穗1个月左右时间内，耗水量占全生育期的25%～30%，抽穗前后，小麦茎叶迅速伸展，绿色面积和耗水强度均达一生最大值，一般耗水强度 $45m^3/hm^2$·日以上，抽穗至成熟在35～40天内，耗水量占全生育期的35%～40%。春小麦一生耗水特点与冬小麦基本相同，春小麦在拔节前50～70天内（占全生育期的40%～50%），耗水量仅占全生育期的22%～25%，拔节至抽穗20天耗水量占25%～29%，抽穗至成熟的40～50天内耗水量约占50%。

2. 小麦的灌溉技术

（1）北方麦区。北方地区年降水量分布不均衡，小麦生育期间降水量只占全年降水量的25%～40%，仅能满足小麦全生育期耗水量的1/5～1/3，尤其在小麦拔节至灌浆中后期的耗水高峰期，正值春旱缺雨季节，土壤储水消耗大。因此，北方麦区小麦整个生育期间土壤水分含量变异大，灌水与降水效应显著，小麦生育期间的灌溉是十分必需的。麦田灌溉技术主要涉及灌水量、灌溉时期和灌慨方式。小麦灌水量与灌溉时期主要根据小麦需水、土壤墒情、气候、苗情等来定。灌水总量按水分平衡法来确定，即：灌水总量＝小麦一生耗水量－播前土壤水量－生育期降水量＋收获期土壤储水量。灌溉时期根据小麦不同生育时期对土壤水分的不同要求来掌握，一般出苗至返青，要求在田间最大持水量的75% ~80%，低于55%则出苗困难，低于35%则不能出苗。拔节至抽穗阶段，营养生长与生殖生长同时进行，器官大量形成，气温上升较快，对水分反应极为敏感，该期适宜的田间持水量为70% ~90%，低于60%时会引起分蘖成穗与穗粒数的下降，对产量影响很大。开花至成熟期，宜保持土壤水分不低于70%，有利于灌浆增重，低于70%易造成干旱逼熟，导致粒重降低。为了维持土壤的适宜水分，应及时灌水，一般生产中常年补充灌溉4 ~5次（底墒水、越冬水、拔节水、孕穗水、灌浆水），每次每公顷灌水量600 ~750m^3。从北方水资源贫乏和经济高效生产考虑，一般灌溉方式均采用节水灌溉，节水灌溉是在最大限度地利用自然降水资源的条件下，实行关键期定额补充灌溉。根据各地试验，一般越冬水和孕穗水最为关键。另外，在水源奇缺的地区，应采用喷灌、滴灌、地膜覆盖管灌等技术，节水效果更好。

（2）南方麦区。小麦生育期降水较多，除由于阶段性干旱需要灌水外，一般春夏之交的连阴雨，往往出现“三水”（地面水、潜层水和地下水），易发生麦田涝渍害，一直是该地区小麦产量形成的制约因素，因此，必须实施麦田排水。麦田排涝防渍的主要措施有五点：一要做好麦田排涝防渍的基础工程，做到明沟除涝，暗沟防渍，降低麦田“三水”；二要健全麦田“三沟”（腰沟、畦沟和围沟）配套系统，要求沟沟相通，依次加深，主沟通河，既能排出地面水、潜层水，又能降低地下水位；三要改良土壤，增施有机肥，增加土壤孔隙度和通透性；四要培育壮苗，提高麦苗抗涝渍能力；五要选用早熟耐渍的品种及沿江水网地区麦田连片种植。

3. 小麦生产中基肥的施用

在研究和掌握小麦需肥规律和施肥量与产量关系的基础上，依据当地的气候、土壤、品种、栽培措施等实际情况，确定小麦肥料的运筹技术，提高肥料利用效率。根据肥料施用的时间和目的不同，可将小麦肥料划分为基肥（底肥）和追肥。基肥可以提供小麦整个生育期对养分的需要，对于促进麦苗早发，冬前培育壮苗，增加有效分蘖和壮秆大穗具有重要的作用。基肥的种类、数量和施用方法直接影响基肥的肥效。

（1）基肥的种类与施用量。基肥的种类。基肥以有机肥、磷肥、钾肥和微肥为主，速效氮肥为辅。有机肥具有肥源广、成本低、养分全、肥效缓、有机质含量高、能改良土壤理化特性等优点，对各类土壤和不同作物都有良好的增产作用。因此，在施用基肥时应坚持增施有机肥，并与化肥搭配使用。

基肥的用量。基肥使用量要根据土壤基础肥力和产量水平而定。一般麦田每亩施优质有机肥 5 000kg 以上，纯氮（N）9～11kg（折合尿素 20～25kg），纯磷（P_2O_5）6～8kg（折合过磷酸钙 50～60kg 或磷酸二铵 20～22kg），纯钾（K_2O）9～11kg（折合氯化钾 18～22.5kg），硫酸锌1～1.5kg（隔年施用），推广应用腐殖酸生态肥和有机无机复合肥，或每亩施三元复合肥（N、P_2O_5、K_2O 含量分别为 20%、13%、12%）50kg。大量小麦肥料试验证明，土壤基础肥力较低和中低产水平的麦田，要适当加大基肥使用量，速效氮肥基肥与追肥用量之比以 7∶3 为宜；土壤基础肥力较高和高产水平的麦田，要适当减少基肥使用量，速效氮肥的基肥与追肥用量之比以 6∶4（或 5∶5）为宜。

（2）小麦生产的基肥施用技术。小麦基肥施用技术有将基肥撒施于地表面后立即耕翻和将基肥施于垄沟内边施肥边耕翻等方法。对于土壤质地偏黏，保肥性能强，又无灌水条件的麦田，可将全部肥料一次施作基肥，俗称“一炮轰”。具体方法是，把全量的有机肥、2/3 氮、磷、钾化肥撒施地表后，立即深耕，耕后将余下的肥料撒到垡头上，随即耙入土中。对于保肥性能差的沙土或水浇地，可采用重施基肥、巧施追肥的分次施肥方法，即把 2/3 的氮肥和全部的磷钾肥、有机肥作为基肥，其余氮肥作为追肥。微肥可作基肥，也可拌种。作基肥时，由于用量少，很难撒施均匀，可将其与细土掺和后撒施于地表，随耕入土。用锌、锰肥拌种时，每千克种子用硫酸锌 2 ~ 6g、硫酸锰 0.5 ~ 1g，拌种后随即播种。

二、优质小麦苗期、中期、后期的田间管理

在小麦生长发育过程中，麦田管理有 3 个任务：一是通过肥水等措施满足小麦的生长发育需求，保证植株良好发育；二是通过保护措施防御（治）病虫草害和自然灾害，保证小麦正常生长；三是通过促控措施使个体与群体协调生长，并向栽培的预定目标发展。根据小麦生长发育进程，麦田管理可划分为苗期（幼苗阶段）、中期（器官建成阶段）和后期（籽粒形成、灌浆阶段）三个阶段。

（一）小麦苗期的田间管理

1. 苗期的生育特点与调控目标

冬小麦苗期有年前（出苗至越冬）和年后（返青至起身前）两个阶段。这两个阶段的特点是以长叶、长根、长蘖的营养生长为中心，时间长达 150 余天。出苗至越冬阶段的调控目标是：在保证全苗基础上，促苗早发，促根增蘖，安全越冬，达到预期产量的壮苗指标。一般壮苗的特点是，单株

同伸关系正常，叶色适度。冬性品种，主茎叶片要达到7～8叶，4～5个分蘖，8～10条次生根；半冬性品种，主茎叶片要达到6～7叶，3～4个分蘖，6～8条次生根；春性品种主茎要达到5～6叶，2～3个分蘖，4～6条次生根。群体要求，冬前总茎数为成穗数的1.5～2倍，常规栽培下为1 050万～1 350万/hm^2，叶面积指数1左右。返青至起身阶段的调控目标是：早返青，早生新根、新蘖，叶色葱绿，长势茁壮，单株分蘖敦实，根系发达。群体总茎数达1 350万～1 650万/hm^2，叶面积指数2左右。

2. 苗期管理措施

(1) 查苗补苗，疏苗补缺，破除板结小麦

齐苗后要及时查苗，如有缺苗断垄，应催芽补种或疏密补缺，出苗前遇雨应及时松土破除板结。

(2) 灌冬水。越冬前灌水是北方冬麦区水分管理的重要措施，保护麦苗安全越冬，并为早春小麦生长创造良好的条件。浇水时间在日平均气温稳定在3～4℃时，水分夜冻昼消利于下渗，防止积水结冰，造成窒息死苗，如果土壤含水量高而麦苗弱小可以不浇。

(3) 耙压保墒防寒。北方广大丘陵旱地麦田，在小麦入冬停止生长前及时进行耙压覆沟（播种沟），壅土盖蘖保根，结合镇压，以利于安全越冬。水浇地如果地面有裂缝，造成失墒严重时，越冬期间需适时耙压。

(4) 返青管理。北方麦区返青时须顶凌耙压，起到保墒与促进麦苗早发稳长的目的。一般已浇越冬水的麦田或土壤墒情好的麦田，不宜浇返青水，待墒情适宜时锄划；缺肥黄苗田可趁春季解冻“返浆”之机开沟追肥；旱年、底墒不足的麦田可浇返青水。

(5) 异常苗情的管理。异常苗情，一般指僵苗、小老苗、黄苗、旺苗。僵苗指生长停滞，长期停留在某一个叶龄期，不分蘖，不发根。小老苗指生长出一定数量的叶片和分蘖后，生长缓慢，叶片短小，分蘖同伸关系被破坏。形成以上两种麦苗的原因是：土壤板结，透气不良，土层薄，肥力差或磷、钾养分严重缺乏，可采取疏松表土，破除板结，结合灌水，开沟补施磷、钾肥。对生长过旺麦苗及早镇压，控制水肥，对地力差，由于早播形成的旺苗，要加强管理，防止早衰。因欠墒或缺肥造成的黄苗，酌情补肥水。

(二) 小麦中期的田间管理

1. 中期生育特点与调控目标

小麦生长中期是指起身、拔节至抽穗前，该阶段的生长特点是根、茎、叶等营养器官与小穗、小花等生殖器官的分化、生长、建成同时进行。在这个阶段由于器官建成的多向性，小麦生长速度快，生物量骤增，带来了群体与个体的矛盾，以及整个群体生长与栽培环境的矛盾，形成了错综复杂相影响的关系。这个阶段的管理不仅直接影响穗数、粒数的形成，而且也将关系到中后期群体和个体的稳健生长与产量形成。这个阶段的栽培管理目标是：根据苗情适时、适量地运用水肥管理措施，协调地上部与地下部、营养器官与生殖器官、群体与个体的生长关系，促进分蘖两极分化，创造合理的群体结构，实现秆壮、穗齐、穗大，并为后期生长奠定良好基础。

2. 中期管理措施

(1) 起身期。小麦基部节间开始伸长，麦苗由匍匐转为直立，故称为起身期。起身后生长加速，而此时北方正值早春，是风大、蒸发量大的缺水季节，水分调控显得十分重要。若水分管理适宜可提高分蘖成穗和穗层整齐度，促进3、4、5节伸长，促使腰叶、旗叶与倒二叶的增大，还可提高穗粒数。对群体较小、苗弱的麦田，要适当提早施起身肥、浇起身水，提高成穗率；但对旺苗、群体过大的麦田，要控制肥水，在第一节刚露出地面1cm时进行镇压，深中耕切断浮根，也可喷洒多效唑或壮丰胺等生长延缓剂，这些措施可以促进分蘖两极分化，改善群体下部透光条件，防止过早封垄而发生倒伏；对一般生长水平的麦田，在起身期浇水施肥，追氮肥施入总量的1/3～1/2；旱地在麦田起身期要进行中耕除草、防旱保墒。

（2）拔节期。此期结实器官加速分化，茎节加速生长，要因苗管理。在起身期追过水肥的麦田，只要生长正常，拔节水肥可适当偏晚，在第一节定长第二节伸长的时期进行；对旺苗及壮苗也要推迟拔节水肥；对弱苗及中等麦田，应适时施用拔节肥水，促进弱苗转化；旱地的拔节前后正是小麦红蜘蛛为害高峰期，要及时防治，同时要做好吸浆虫的掏土检查与预防工作。

（3）孕穗期。小麦旗叶抽出后就进入孕穗期，此期是小麦一生叶面积最大、幼穗处于四分体分化、小花向两极分化的需水临界期，又正值温度骤然升高、空气十分干燥、土壤水分亏缺期（旱地）。此时水分需求量不仅大，而且要求及时，生产上往往由于延误浇水，造成较明显的减产。因此，旺苗田、高产壮苗田，以及独秆栽培的麦田，要在孕穗前及时浇水。在孕穗期追肥，要因苗而异，起身拔节已追肥的可不施，麦叶发黄、氮素不足及株型矮小的麦田可适量追施氮肥。

（三）小麦后期的田间管理

1. 后期生育特点与调控目标

后期指从抽穗开花到灌浆成熟的这段时期，此期的生育特点是以籽粒形成为中心，完成小麦的开花受精、养分运输、籽粒灌浆和产量的形成。抽穗后，根茎叶基本停止生长，生长中心转为籽粒发育。据研究，小麦籽粒产量的70% ~80%来自抽穗后的光合产物累积，其中旗叶及穗下节是主要光合器官，增加粒重的作用最大。因此，该阶段的调控目标是：保持根系活力，延长叶片功能期，抗灾、防病虫害，防止早衰与贪青晚熟，促进光合产物向籽粒运转、增加粒重。

2. 后期管理措施

（1）浇好灌浆水。抽穗至成熟耗水量占总耗水量的1/3以上，每公顷日耗水量达35m^3左右。经测定，在抽穗期，土壤（黏土）含水量为17.4%的比含水量为15.8%的旗叶光合强度高28.7%。在灌浆期，土壤含水量为18%的比含水量为10%的光合强度高6倍；茎秆含水量降至60%以下时灌浆速度非常缓慢；籽粒含水量降至35%以下时灌浆停止。因此，应在开花后15天左右即灌浆高峰前及时浇好灌浆水，同时注意掌握灌水时间和灌水量，以防倒伏。

（2）叶面喷肥。小麦生长的后期仍需保持一定营养供应水平，延长叶片功能与根系活力。如果脱肥会引起早衰，造成灌浆强度提早下降，后期氮素过多，碳氮比例失调，易贪青晚熟，叶病与蚜虫危害也较严重。对抽穗期叶色转淡，氮、磷、钾供应不足的麦田，用2% ~3%尿素溶液，或用0.3% ~0.4%磷酸二氢钾溶液，每公顷使用750 ~900L进行叶面喷施，可增加千粒重。

（3）防治病虫危害。后期白粉病、锈病、蚜虫、黏虫、吸浆虫等都是导致粒重下降的重要因素，应及时进行防治。

（四）苗情调查与处理

春季苗情划分标准

一类麦田：每亩茎数 80 万 ~ 100 万，单株分蘖 5.5 ~ 7.5 个，3 叶以上大蘖 3.5 ~ 5.5 个，单株次生根 8 ~ 11 条。

二类麦田：每亩茎数 60 万 ~ 80 万，单株分蘖 3.5 ~ 5.5 个，3 叶以上大蘖 2.5 ~ 3.5 个，单株次生根 6 ~ 8 条。

三类麦田：弱苗，每亩茎数 60 万以下，单株分蘖 3.5 个以下，3 叶以上大蘖 2.5 个以下，单株次生根 6 条以下。旺苗，早播麦田每亩茎数 100 万以上，单株分蘖 7.5 个以上，3 叶以上大蘖 5.5 个以上，单株次生根 11 条以上。播量偏大麦田虽然单株分蘖较少，但每亩茎数达 100 万以上，叶片宽、长，叶色墨绿，分蘖瘦弱。

（五）处理办法

在前期管理的基础上，促进早缓苗，早返青，力使叶色葱绿，长势茁壮，根系发达；并根据小麦生育特点及苗情，掌握好外部形态与穗分化的关系，从而准确（适时、适量）地通过水肥管理来协调地上部与地下部、群体与个体、营养生长和生殖生长的矛盾，促进分蘖两极分化，创造合理的群体结构，巩固早期分蘖，提高成穗率，形成足够的穗数；为幼穗分化创造适宜条件，争取秆壮、穗大、粒多；保证茎叶健壮生长，并防止倒伏及病虫害，为籽粒形成与灌浆奠定基础。

第四节 适时收获与储藏

一、适时收获

收获是小麦栽培全过程的结束。小麦收成的丰歉只有在收割、运输、脱粒、翻晒与入仓等项作业全部完成后才能决定。因此，收获阶段任一措施不当都会使劳动成果遭受到一定的损失。5月下旬至6月初常有阴雨天气，这不仅给收割、脱粒等工作带来了很多不便，同时还会引起穗发芽或导致种子霉烂。小麦收获适期很短，又正值雨季来临季节，因此，农谚云“麦熟一晌，龙口夺粮”，这充分说明了麦收工作的紧迫性和重要性。因此，麦收工作要及早动手，统筹安排，充分调动人力、物力和财力，抓紧时间，全力以赴，及时收获以防止小麦断穗落粒、穗发芽、霉变等，争取把损失减少到最低限度，达到既增产又增收的目的。

收获过早，籽粒灌浆不充分，千粒重低；收获过晚，呼吸、淋溶作用降低粒重，同时落粒、掉穗也增加损失。农谚说“九成熟，十成收；十成熟，一成丢”就是这个道理。一般认为蜡熟中期到蜡熟末期为适宜收获期：人工收获（割晒→脱粒）时，由于割后至脱粒前有一段时间的后熟过程，故可在蜡熟中期收割；种子田，应以蜡熟末期和完熟初期为宜；而机械（尤其是联合收割机）收获以完熟初期为宜。

小麦在不同适宜收获期的特征如下。

（1）蜡熟中期。植株茎叶全部变黄，下部叶片干枯，穗下节间全黄或微绿，籽粒全部变黄，用指甲掐籽粒可见痕迹，含水量35%左右。

（2）蜡熟末期。植株全部枯黄，茎秆尚有弹性，籽粒较为坚硬，色泽和形状已接近本品种固有特征，含水量为22%～25%。

（3）完熟期。植株全部枯死和变脆，易折穗，落粒，籽粒全部变硬，并呈现本品种固有特征，含水量低于20%。据研究，蜡熟末期人工割收的千粒重比完熟期收获的要高2～4g，产量也提高5%～10%。

二、安全储藏

产品储藏期间，尤其是在夏季，气温高，湿度大，麦堆易发热、受潮或生虫，所以，在伏天应注意防热，防湿，防虫，防鼠害，以确保安全储藏。如果储藏方法不当则易造成霉烂、虫蛀、鼠害、品质变劣等，损失很大。据估算，我国广大农村的粮食储藏损失为5%左右。因此，储藏技术不容忽视。

收获脱粒后的种子，应当经过夏季高温暴晒，待种子含水率低于12%～13%，牙咬有响脆声时，于下午3～4时趁热（麦堆温度45～47℃）进仓。这一措施对麦蛾幼虫、甲虫及螨类害虫等有理想的杀灭效果。

储藏过程中应注意做到以下两点。

（一）含水量要低

谷物含水量和其耐储性密切相关。水分含量高，呼吸作用强，谷温升高，霉菌、虫害繁殖速度加快，因而粮堆发热，种子和粮食很快损坏。一般情况下，粮食作物（小麦、大麦、水稻、玉米、高粱、大豆等）的安全储藏水分含量必须维持在12%～13%或以下。

（二）温湿等储藏条件适宜

空气湿度对谷物的含水量影响很大：湿度低时谷物内的水分向外散失，含水量下降；湿度高时谷物吸湿，含水量升高。一般情况下，与相对湿度为75%相平衡的水分含量为短期储藏的安全水分最大值，与相对湿度65%相平衡的水分含量为长期储藏的安全水分最大值。温度对谷物储藏的影响与含水量同样重要。水分含量与温度两因素决定了谷物的安全储存期限。温度在15℃以下时，昆虫和霉菌生长停止；30℃以上时，生长繁殖速度加快。一般要求储藏期间麦仓内麦堆的温度均匀一致。

第三章 高 粱

高粱又名蜀黍、芦粟、秫秫，是世界居水稻、玉米、小麦、大麦后的第五大谷类作物，也是中国最早栽培的禾谷类作物之一。高粱起源问题目前尚未定论，但是多数学者认为原产于非洲，经驯化后传入印度，后传入我国及远东，在中国已经有7 000年的栽培历史。高粱光合效率高、抗逆力强、适应性广、用途多样、变异多，其中非洲是产生高粱变种最多的地区。种类繁多的野生高粱和栽培高粱遍布于世界各大洲的热带和亚热带、南北温带的平原、丘陵、高原和山区。高粱长期生长在干旱、少雨、气候恶劣、土壤贫瘠、风沙大的地区，作为“生命之谷”“救命之谷”在人类的发展史上曾经起到相当重要的作用。高粱的生物学产量和经济产量均较高，是我国的重要粮食作物、饲用作物和能源作物，也是重要的旱地、盐碱地栽培作物。

第一节 概 述

一、高粱在我国的生产发展现状及分布

高粱在我国有悠久的栽培历史。20 世纪初，高粱在我国已是普遍种植的作物。据朱道夫（1980）统计资料，1914 年全国

高粱种植面积740万hm^2，栽培面积最大的省份是辽宁和山东（均在200万hm^2以上），其次是河北、吉林（各在150万hm^2以上）。1952年全国高粱播种面积940万hm^2，占全国农作物播种面积的7.5%，总产量达1 110万t，平均每公顷1 185kg。但随着农业生产条件的逐步改善和人们生活水平的不断提高，高粱种植面积逐渐减少。到1960年，全国高粱种植面积为400万hm^2。20世纪60~70年代，高粱杂交种的推广应用大大提高了单产水平，种植面积增加到600万hm^2左右。1980年，全国高粱播种面积为269万hm^2，平均单产2 520kg/hm^2，总产675万t。虽然高粱种植面积继续有所下降，但由于单产的提高，总产略有下降。1999年统计资料显示，世界高粱种植面积为4 481.6万hm^2，总产6 581万t，单产1 468kg/hm^2；我国高粱种植面积146.3万hm^2，占世界高粱总面积的3.3%；总产585.7万t，占世界高粱总产量的8.9%，单产4 005kg/hm^2；我国高粱种植面积排在印度、尼日利亚、美国、墨西哥之后，列第五位；总产列在美国、印度、尼日利亚、墨西哥之后，也列第五位；而单产为世界平均单产的2.7倍，列第二位，仅比美国低6.5%。1999年与1980年相比，高粱种植面积减少了123万hm^2，下降了45.7%，但是平均单产达到4 005kg/hm^2，比1980年平均单产增加了1 485kg，提高了59%。因此，总产基本持平，仅下降了13.2%。高粱作为我国北方旱粮作物在生产上仍占有重要地位。

20世纪80年代以来，我国高粱生产发生了较大的变化：第一，高粱种植区域由生产条件较好的平肥地向生产条件较差的干旱、半干旱、盐碱、贫瘠地区发展；第二，高粱产品由大部分食用转向酿造用、饲用、食品加工、造纸、制板材、帚用、提取色素等综合利用；第三，高粱生产目的由单纯增加籽粒产量向优质、专用产品发展。进入21世纪，我国高粱生产发生了新的变化，为适应国家畜牧业快速发展对饲料、饲草的需求，高粱作为饲料作物生产发展很快，尤其是草高粱（高粱与苏丹草杂交种）生产发展更快。

此外，为了满足我国国民经济快速发展对能源的需求，甜高粱作为可再生的生物质能源作物，由于具有生物学产量高、含糖量高、酒精转化容易而表现出巨大的发展空间和潜势。

目前，高粱在我国的分布极广，几乎全国各地均有种植。但主产区却很集中，秦岭、黄河以北，特别是长城以北是中国高粱的主产区。由于高粱栽培区的气候、土壤、栽培制度的不同，栽培品种的多样性特点也不一样，故高粱的分布与生产带有明显的区域性，全国分为4个栽培区：春播早熟区，春播晚熟区，春夏兼播区和南方区。

1. 春播早熟区

包括黑龙江、吉林、内蒙古等地全部，河北省承德地区，张家口坝下地区，山西、陕西省北部，宁夏干旱区，甘肃省中部与河西地区，新疆北部平原和盆地等。本区位于北纬34°30″～48°50″，海拔300～1 000m，年平均气温2.5～7.0℃，活动积温（≥10℃的积温量）2 000～3 000℃，无霜期120～150天，年降水量100～700mm。生产品种以早熟和中早熟种为主，由于积温较低，高粱生产易受低温冷害的影响，应采取防低温、促早熟的技术措施。本区为一年一熟制，通常5月上中旬播种，9月收获。

2. 春播晚熟区

本区包括辽宁、河北、山西、陕西等省的大部分地区，北京市、天津市、宁夏的黄灌区、甘肃省东部和南部、新疆的南疆和东疆盆地等，是中国高粱主产区，单产水平较高。本区位于北纬32°～41°47″海拔3～2 000m，年平均气温8～14.2℃，活动积温3 000～4 000℃，无霜期150～250天，年降水量16.2～900mm。本区基本上为一年一熟制，由于热量条件较好，栽培品种多采用晚熟种。近年来，由于耕作制度改革，麦收后种植夏播高粱，一年一熟改为二年三熟或一年二熟。

3. 春夏兼播区本区

包括山东、江苏、河南、安徽、湖北、河北等省的部分地区。本区位于北纬24°15″～38°15″，海拔24～3 000m，年平均气温14～17℃，活动积温4 000～5 000℃，无霜期200～280天，年降水量600～1 300mm。本区春播高粱与夏播高粱各占一半左右，春播高粱多分布在土质较为瘠薄的低洼、盐碱地上，多采用中晚熟种；夏播高粱主要分布在平肥地上，作为夏收作物的后茬，多采用生育期不超过100天的早熟种。栽培制度以一年二熟或二年三熟为主。

4. 南方区南方区

包括华中地区南部，华南、西南地区全部。本区位于北纬18°10″～30°10″，海拔400～1 500m，年平均气温16～22℃，活动积温5 000～6 000℃，无霜期240～365天，年降水量1 000～2 000mm。南方高粱区分布地域广阔，多为零星种植，种植相对较多的省份有四川、贵州、湖南等省。本区采用的品种短日性很强，散穗型、糯性品种居多，大部分具分蘖性。栽培制度为一年三熟，近年来再生高粱有一定发展。

二、高粱在国民经济发展中的意义

（一）营养健身功能

高粱的营养价值与玉米近似，稍有不同的是高粱籽粒中的淀粉、蛋白质、铁的含量略高于玉米，而脂肪、维生素A的含量低于玉米。高粱籽粒中淀粉含量65%～70%，蛋白质含量为9%～11%，其中，约有0.28%的赖氨酸、0.11%的蛋氨酸、0.18%的胱氨酸、0.10%的色氨酸、0.37%的精氨酸、0.24%的组氨酸、1.42%的亮氨酸、0.56%的异亮氨酸、0.48%的苯丙氨酸、0.30%的苏氨酸、0.58%的缬氨酸。高粱糠中粗蛋白含量达10%左右，在鲜高粱酒糟中为9.3%，在鲜高粱渣中为8.5%左右。高粱秆及高粱壳的蛋白质含量较少，分别为3.2%及2.2%左右。高粱蛋白质略高于玉米，同样品质不佳，缺乏赖氨酸和色氨酸，蛋白质消化率低，原因是高粱醇溶蛋白的分子间交联较多，而且蛋白质与淀粉间存在很强的结合键，致使酶难以进入分解。脂肪含量3%，略低于玉米，脂肪酸中饱和脂肪酸也略高，所以，脂肪熔点也略高些。亚油酸含量也较玉米稍低。高粱加工的副产品中粗脂肪含量较高。风干高粱糠的粗脂肪含量为左右，鲜高粱糠的粗脂肪含量为8.6%左右。酒糟和醋渣中分别为4.2%和3.5%。籽粒中粗脂肪的含量较少，仅为3.6%左右，高粱秆和高粱壳中含量也较少。无氮浸出物包括淀粉和糖类，是饲用高粱中的主要成分，也是畜禽的主要能量来源，饲用高粱中无氮浸出物的含量为17.4%～71.2%。高粱秆和高粱壳中的粗纤维较多，其含量分别为23.8%和26.4%左右。淀粉含量与玉米相当，但高粱淀粉颗粒受蛋白质覆盖程度高，故淀粉的消化率低于玉米，有效能值相当于玉米的90%～95%。高粱秆和高粱壳营养价值虽不及精料，但来源较多，价格低廉，能降低饲养成本。

矿物质与维生素矿物质中钙、磷含量与玉米相当，磷为40%～70%，为植酸磷。维生素中B_1、维生素B_6含量与玉米相同，泛酸、烟酸、生物素含量多于玉米，但烟酸和生物素的利用率低。据中央卫生研究院（1957）分析，每千克高粱籽粒中含有硫胺素（维生素 B_1）1.4mg、核黄素（维生素 B_2）0.7mg、尼克酸 6mg。成熟前的高粱绿叶中粗蛋白的含量约为 13.5%，核黄素的含量也较丰富。高粱的籽粒和茎叶中都含有一定数量的胡萝卜素，尤其是作青饲或青贮时含量较高。

单宁属水溶性多酚化合物，也称鞣酸或单宁酸。单宁具有强烈的苦涩味，影响适口性；单宁能与蛋白质和消化酶结合，影响蛋白质和氨基酸的利用率。

高粱有一定的药效，具有和胃、健脾、消积、温中、养胃、止泻的功效。适于小儿消化不良、脾胃气虚、大便溏薄之人食用。高粱根也可入药，可平喘、利尿、止血。

（二）开发利用价值

1. 食品加工

高粱曾是我国北方地区的主要粮食作物之一，随着人民生活水平的提高，其食用的重要性有所下降，但仍然是部分地区农民不可缺少的调剂食品。随着现代加工技术的提高，高粱的加工食品也日益增多，如稀粥、高粱面包、高粱早餐食品、糕点等。

2. 酿制白酒

高粱是生产白酒的主要原料。在我国，以高粱为原料蒸馏白酒已有 700 年的历史。高粱籽粒中除了含有酿酒所需的大量淀粉、适量的蛋白质及矿物质外，更主要的是高粱籽粒中含有一定量的单宁。适量的单宁对发酵过程中的有害微生物有一定的抑制作用，能提高出酒率。单宁产生的丁香酸和丁香醛等香味物质，又能增加白酒的芳香风味。因此，含有适量单宁的高粱品种是酿制优质酒的佳料。近年来，随着人民生活水平的提高，酿酒工业迅速发展，对原料的需求量日益增多，酿酒原料是高粱的一个主要去向。另外，高粱也是酿制啤酒的主要原料。

3. 饲用

高粱作为家畜和家禽的饲料，其饲用价值与玉米相似，在饲料中添加一定量的高粱可以增加牲畜的瘦肉比例，还可防治牲畜的肠道传染病。饲草高粱，又称为高丹草，是食用高粱与苏丹草杂交而成的一种新型饲草，它们可集合双亲的优点，既有高粱的抗旱、耐倒伏性、高产等特性，又有苏丹草的强分蘖性、抗病性、营养价值高、氰化物含量低、适口性好等特性，种间杂种优势强，为综合农艺性状优良的一年生饲用作物，在畜牧业发展中推广利用前景广阔。

4. 加工利用

甜高粱的茎秆含有大量的汁液和糖分，是近年来新兴的一种糖料作物、饲料作物和能源作物。当前，用甜高粱生产酒精已引起全世界的重视，甜高粱已成为一种新的绿色可再生的高效能源作物，酒精产量高达 6 000L/hm^2，用甜高粱茎秆生产酒精比用粮食生产酒精成本低 50% 以上。因此，新的甜高粱品种育成和应用，经加工转化，可获得大量酒精，为汽车工业等提供优质能源，这将有效缓解能源危机，同时可以增加农民收入，具有良好的经济、社会和生态效益。

工艺用高粱的茎皮坚韧，有紫色和红色类型，是工艺编织的良好原料；有的高粱类型适于制作扫帚，穗柄较长者可制帘、盒等多种工艺品；高粱淀粉可用于食品工业、胶黏剂、伸展剂、填充剂、吸附剂；此外，高粱可用来制糖、制醋、制板材、造纸，也可以加工成麦芽制品、高粱饴糖等。

第二节　主要优良品种介绍

一、辽杂11、辽杂12和辽杂13

辽杂11和辽杂12是辽宁省农业科学院以7050A为母本、分别以148和654为父本组配而成的杂交高粱新品种。2001年12月经辽宁省农作物品种审定委员会审定推广。两个新品种的生育期分别为110～115天和26～130天，属中熟和晚熟品种，产量高，亩产均在500kg以上。

辽杂11的株高为187cm，穗长28.6cm，穗中散，长纺锤形，壳紫红，红粒。穗粒重89.6g，千粒重33.9g，出籽率80%～85%，角质率55%，适口性好，品质好，籽粒含粗蛋白13%、总淀粉68.75%、赖氨酸0.26%、单宁1.49%。黑穗病接菌种无发病，高抗黑穗病，抗叶病、抗蚜虫，抗旱、抗倒、耐涝，适于酿酒。适宜在辽宁省大部分地区种植。

辽杂12株高192cm，穗长30.8cm。花药黄色，壳褐色，白粒白米。穗长纺锤形，中紧穗，穗粒重100g，千粒重30g。出米率85%，角质率53%，适口性好。籽粒含粗蛋白11.8%、总淀粉74.4%、赖氨酸0.23%、单宁0.031%。丝黑穗病接菌种发病率4.0%，高抗丝黑穗病，抗叶病、抗蚜虫，抗旱、抗倒、耐涝。适宜在沈阳以南、辽西无霜期较长的地区种植。

辽杂13是辽宁省农业科学院作物研究所和水土保持研究所以12A为母本、以0～30为父本组配而成的杂交高粱新品种。2001年12月经辽宁省农作物品种审定委员会审定推广。该品种生育期126～130天，属晚熟品种。株高214cm，稳长29.2cm。花药黄色，中紧穗，牛心形，红壳，橙粒，米黄白色。穗粒重

90g，千粒重 32.9g，出米率 79.4%，角质率 72.5%，适口性好。籽粒含粗蛋白 10.5%、总淀粉 71.28%、赖氨酸 0.2%、单宁 0.10%。丝黑穗病接菌种发病率 2.7%，中抗丝黑穗病，高抗叶病，较抗旱、抗倒。适宜在铁岭、阜新、朝阳以南地区种植。

二、锦杂 100

锦杂 100 是辽宁省锦州市农业科学院以外引系 7050A 为母本、以 9544 为父本组配而成的杂交高粱新品种。2001 年 12 月经辽宁省农作物品种审定委员会审定推广。该品种生育期 126 天，属晚熟品种。株高 175.6cm，穗长 29.4cm。花药淡黄色，花粉量多，穗纺锤形，紧穗。壳褐色，籽粒橘黄色，米白色，单穗粒重 89.2g，千粒重 32.5g，出米率 80%，角质率 57.5%，适口性好。籽粒蛋白质含量 12.3%，赖氨酸含量 0.26%，单宁含量 0.12%。丝黑穗病接菌种发病率 5.0%，高抗丝黑穗病，茎秆粗壮，抗旱、抗倒，有分蘖。适宜在锦州、葫芦岛、朝阳、阜新南部、铁岭、辽南等地种植。

三、两糯 1 号

两糯 1 号高粱品种于 2005 年 3 月通过国家高粱品种鉴定委员会鉴定，是目前世界上具有领先水平的两系杂交糯高粱新品种，具有独特的杂种优势。一是品质优势，表现为糯性好和有自然芳香，在酿制高档白酒、优质曲酒和保健酒时不需像其他三系粳高粱和常规高粱那样添加糯米。因蛋白质含量高和维生素含量丰富，是品质优良的饲料。二是产量优势，表现为稳产高产，在北方一季栽培区 650kg/亩，高产田在 750kg/亩以上。

幼苗绿色，叶色浓绿，总叶片数 16 叶，茎秆粗壮（中部直径 1.4cm），穗纺锤形，中散。籽粒黄色，壳褐色，株高 135cm

左右，穗长30cm，穗粒重40～50g，千粒重20～24g。春播生育期108天，再生栽培90天，北方夏播120天。高抗倒伏和抗旱，中抗丝黑穗病和叶病。籽粒蛋白质含量10.54%，淀粉含量71.84%，赖氨酸含量0.2%，单宁含量1.2%，糯性好，是酿制高档白酒、曲酒、保健酒的优质原料。

四、晋杂20

晋杂20是由山西省农业科学院农作物品种资源研究所选育，幼苗绿色，芽鞘绿色，株高176.0cm，茎粗1.9cm，穗柄长32.7cm，穗长32.3cm，穗中紧，纺锤形，颖壳枣红色，籽粒黄色，穗粒重106.2g，千粒重28.4g，生育期135天左右，茎秆粗壮，抗倒伏，高抗丝黑穗病。经农业部谷物品质监督检验测试中心分析，籽粒含粗蛋白12.02/0、粗淀粉70.2%、赖氨酸0.28%、单宁1.25%，平均产量9 917kg/hm^2。适期早播，4月中下旬播种为宜。留苗7 000～7 500株/亩，苗期、灌浆期注意防止蚜虫为害。

五、帚用高粱——新丰218

新丰218生育期春播90天左右，夏播85天左右，株高293～300cm，分枝多、无穗轴，林抄长40～50cm，韧性强，不易折断。茎秆粗壮，气生根发达，耐旱抗涝，抗风抗倒；茎秆再生能力强，可作再生高粱栽培；穗大粒多，平均单株粒数为2 500粒左右，籽粒饱满，千粒重26g。亩产量为200～250kg，较普通粒用高粱增产20%以上，籽粒用途同普通粒用高粱。栽培技术与普通粒用高粱基本相同，播种量为1.0～1.5kg/亩，留苗5 000～5 500株。

六、甜高粱——沈农甜杂2号

生育期130天，植株高大，株高350cm，茎粗，直径为2.2cm。籽粒成熟时茎叶鲜绿。茎秆出汁率68.3%，汁液糖度16%。茎叶氢氰酸含量极低，对人畜安全。穗子呈散纺锤形，穗长27.8cm，平均单穗粒重75g左右，千粒重32g，红壳红粒，不着壳。籽粒蛋白质含量10.39%，脂肪含量1.67%，纤维含量29.83%，赖氨酸含量0.25%，单宁含量0.14%，无氮浸出物含量45.07%，符合粒用高粱籽粒标准。根系发达，茎秆健壮抗倒伏，对黑穗病免疫，抗叶斑病，抗鸟害。

该品种属粮秆兼用型新品种，用途极其广泛，可作青饲料或青贮饲料，可生产燃料酒精、制糖、酿酒、酿醋等。沈农甜杂2号高粱生长繁茂，产量高，亩产鲜草5 000kg以上，结实率350kg/亩。

七、食用品质极佳的高粱新品种——冀梁2号

冀梁2号株高137cm，叶片宽大，茎秆粗壮，节间短，分蘖力强。肥水充足时，单株分蘖数2~3个可以成穗，穗长30cm。平均单穗粒重64.8g，千粒重23.4g。春播生育期120天左右，夏播生育期110天。籽粒白色，着壳率近于零；角质率81.3%，蛋白质含量12.5%，单宁含量0.025%，赖氨酸含量0.25%，适口性好，被誉为“二大米”。抗旱、抗倒伏，高抗蚜虫，是一个免疫品种。生产示范产量平均1.2万~1.5万kg/hm^2。因高产抗倒伏，适宜高肥水、高密度种植。

八、能源专用甜高粱杂交种——辽甜3号

辽甜3号是国家高粱改良中心选育的能源专用甜高粱杂交

种，于2008年1月21日通过国家鉴定。辽甜3号的育成大大提高了甜高粱的产量、含糖量和抗性，为我国甜高粱转化燃料酒精产业的快速发展提供了优良品种和技术支撑。

辽甜3号生物学产量高，鲜重平均7.7万kg/hm^2，茎秆多糖多汁，茎秆含糖度19.7%，茎秆出汁率59%，是生产燃料酒精的理想能源作物品种。辽甜3号为粮秆兼用型品种，不但茎秆产量高，而且种子产量为364.0kg/亩，比对照增产4.0%；抗逆性强，丝黑穗病接种发病率为0，叶斑病轻，抗倒伏能力较强。

第三节　高产栽培技术

一、耕作及播种技术

（一）选地、选茬、整地及选种

1. 选地

高粱具有抗旱、耐涝、耐盐碱、耐瘠薄、适应性广等特点，对土壤的要求不太严格，在沙土、壤土、沙壤土、黑钙土上均能良好生长。但是，为了获得产量高、品质好的种子，高粱种子种植田应设在最好田块上，要求地势平坦，阳光充足，土壤肥沃，杂草少，排水良好，有灌溉条件。

2. 选茬

轮作倒茬是高粱增产的主要措施之一。高粱种植忌连作，原因有二：一是造成严重减产，二是病虫害发生严重。高粱植株生长高大，根系发达，入土深，吸肥力强，一生从土壤中吸收大量的水分和养分，因此合理的轮作方式是高粱增产的关键，最好前茬是豆科作物。一般轮作方式为：大豆—高粱—玉米—小麦或玉米—高粱—小麦—大豆。

3. 整地

为保证高粱全苗、壮苗，在播种前必须在秋季前茬作物收获后抓紧进行整地作垄，以利于蓄水保墒，延长土壤熟化时间，达到春墒秋保，春苗秋抓目的。结合施有机肥，耕翻、耙压，要求耕翻深度在20～25cm，有利于根深叶茂，植株健壮，获得高产。在秋翻整地后必须进行秋起垄，垄距以55～60cm为宜。早春化冻后，及时进行一次耙、压、耢相结合的保墒措施。

4. 选种

品种选择是高粱增产的重要环节之一，要因地制宜选择适宜当地种植的高产、抗性强的高粱杂交新品种作为生产用种。如中国农业科学院品质资源研究所（现为作物科学研究所）选育而成的中早熟品种抗病、矮秆高粱品种V55，该品种抗倒伏、抗高粱红条病毒病，对丝黑穗病免疫，适宜在北京、河北、河南、山西、吉林、辽宁等地种植。吉林省及长春地区应以长春市农业科学院选育的长杂1628为首选品种，该品种产量高，经济效益可观。

（二）种子处理

播前种子处理是提高种子质量、确保全苗、壮苗的重要环节。

1. 发芽试验

掌握适宜播种量是确保全苗高产的关键。播种前要根据高粱种子的发芽率确定播种量，一般要求高粱杂交种发芽率达到85%～95%以上，根据种子不同的发芽率确定播种用量，如果发芽率达不到标准要加大播种量。

2. 选种、晒种

播种前选种可将种子进行风选或筛选，淘汰小粒、瘪粒、病粒，选出大粒、籽粒饱满的种子作生产用种，并选择晴好的天气，晒种 2～3 天，提高种子发芽势，播后出苗率高，发芽快，出苗整齐，幼苗生长健壮。

3. 药剂拌种

在播种前进行药剂拌种，可用25%粉锈宁可湿性粉剂，按种子量的0.3%～0.5%拌种，防治黑穗病，也可用3%呋喃丹或5%甲拌磷，制成颗粒剂与播种同时施下，防治地下害虫。

（三）适时播种

高粱要适时早播、浅播，掌握好适宜的播种期及播种量是确保苗全、苗齐、苗壮的关键。影响高粱保苗的主要因素是温度和水分，高粱种子的最低发芽温度为 7～8℃，种子萌动时不耐低温，如播种过早，易造成粉种或霉烂，还会造成黑穗病的发生，影响产量，因此要适时播种。

要依据土壤的温湿度、种植区域的气候条件以及品种特性选择播期。一般土壤 5cm 内、地温稳定在 12～13℃、土壤湿度在 16%～20%播种为宜（土壤含水量达到手攥成团、落地散开时可以播种）。

（四）播种方法

采用机械播种，速度快、质量好，可缩短播种期。机械播种作业时，开沟、播种、覆土、镇压等作业连续进行，有利于保墒。垄距 65～70cm，垄上双行，垄上行距 10～12cm（收草用饲用高粱可适当缩减行距），播种深度一般为 3～4cm。土壤墒情适宜的地块要随播随镇压，土壤黏重地块则在播种后镇压。

除机械播种外，采用三犁川坐水种，三犁川的第一犁深趟原垄垄沟，把氮、钾肥深施在底层，磷肥施在上层。第二犁深破原垄，拿好新垄。4 小时后压好磙子保墒，以备第三犁播种用。第三犁首先耙开垄台，浇足量水用手工点播已催芽种子，防止伤芽。点播后覆土，覆土厚度要求 4cm 以下，过 6 小时用镇压器压好保墒，采用这种方法播种的种子出苗快，齐而壮，7 天可出全苗，避免因低温造成粉种。硬茬可采取坐水催芽扣种的办法。

（五）合理密植

合理密植能提高土地及光能的利用率，按大穗宜稀、小穗宜密的原则，一般保苗数为 10.5 万～12.0 万株/hm^2。高粱种子千粒重 20g 左右，1kg 种子 5 万粒左右，按成苗率 65% 计算，加上播种、机械、农田作业等对苗的损害，最佳播种量为 10.5kg/hm^2。另外，如果以生产饲草为主的饲用高粱，可采取条播方式，适宜播量为 40.5kg/hm^2，适宜播深 2～3cm，播后及时镇压。

二、田间管理

（一）间苗定苗

高粱出苗后展开 3～4 片叶时进行间苗，5～6 片叶时定苗。间苗时间早可以避免幼苗互相争养分和水分，减少地方消耗，有利于培育壮苗；间苗时间过晚，苗大根多，容易伤根或拔断苗。低洼地、盐碱地和地下害虫严重的地块，可采取早间苗、晚定苗的办法，以免造成缺苗。

（二）中耕除草

分人工除草和化学除草。高粱在苗期一般进行 2 次铲趟。第一次可在出苗后结合定苗时进行，浅铲细铲，深趟至犁底层不带土，以免压苗，并使垄沟内土层疏松；在拔节前进行第二次中耕，此时根尚未伸出行间，可以进行深铲，松土，趟地可少量带土，做到压草不压苗；拔节到抽穗阶段，可结合追肥、灌水进行1~2次中耕。

化学除草要在播后3天进行，用莠去津3.0~3.5kg/hm^2 对水400~500kg/hm^2 喷施，如果天气干旱，要在喷药2天内喷1次清水，同时喷湿地面提高灭草功能；当苗高3cm时喷2，4-滴丁酯0.75kg/hm^2，具体除草剂用量和方法可参照药剂说明使用，但只能用在阔叶杂草草害严重的地块，对于针叶草应进行人工除草。经除草、培土，可防止植株倒伏，促进根系的形成。

（三）追肥

高粱拔节以后，由于营养器官与生殖器官旺盛生长，植株吸收的养分数量急剧增加，这是整个生育期间吸肥量最多的时期，其中，幼穗分化前期吸收的量多而快。因此，改善拔节期营养状况十分重要。一般结合最后一次中耕进行追肥封垄，每公顷追施尿素200kg，覆土要严实，防止肥料流失。在追肥数量有限时，应重点放在拔节期一次施入。在生育期长，或后期易脱肥的地块，应分两次追肥，并掌握前重后轻的原则。

（四）灌溉与排涝

高粱苗期需水量少，一般适当干旱有利于蹲苗，除长期干旱外一般不需要灌水。拔节期需水量迅速增多，当土壤湿度低于田间持水量的75%时，应及时灌溉。孕穗、抽穗期是高粱需水最敏感的时期，如遇干旱应及时灌溉，以免造成“卡脖旱”影响幼穗发育。

高粱虽然有耐涝的特点，但长期受涝会影响其正常生育，容易引起根系腐烂，茎叶早衰。因此在低洼易涝地区，必须做好排水防涝工作，以保证高产稳产。

（五）病虫害防治

高粱苗期病害较少，特殊年份会发生白斑病，用硫酸锌 1.0kg/hm^2、尿素 0.7kg/hm^2 兑水 225kg/hm^2 喷防。目前，影响高粱产量主要的病害是高粱黑穗病，为减少其发生，首先要适时晚播，在土壤温度较高时播种，种子出苗较快，可减少病菌侵染机会，减少黑穗病发病率；其次是进行种子处理，如包衣等。高粱害虫主要是黏虫和玉米螟，黏虫防治可用 50% 二溴磷乳油 2 000 ~ 2 500 倍液，玉米螟防治可用毒死蜱氯菊颗粒剂（杀螟灵 2 号），用量 35g/亩灌心叶。收获前 20 ~ 30 天可选用农药防治。

蚜虫防治每亩用 40% 乐果乳油 0.1kg，拌细沙土 10kg，扬撒在植株叶片上；或 40% 氧化乐果加 10% 吡虫啉进行联合用药防治。

（六）饲用高粱刈割

饲用高粱（高丹草）适宜刈割留茬高度 10 ~ 15cm。年 3 次青刈利用，每次青刈以株高 150cm 为宜；年 2 次刈割利用，第一茬在株高 170cm 青刈饲喂家畜，第二茬在深秋下霜前株高约 300cm 时刈割，可作青用或晒制优质干草，供冬春季舍饲利用。

第四节　适时收获与储藏

高粱收获期对于产量和籽粒品质均有影响。蜡熟末期是高粱籽粒中干物质含量达到最高值的时期，为适宜收获期。过早收获，籽粒不充实、粒小而轻、产量低。过晚收获，籽粒会因呼吸作用消耗干物质，使粒重下降，并降低干物质。高粱怕遭霜害，如遇到霜害，种子发芽率降低或丧失发芽率，商品粮质量降低，因此，适时收获是高粱增产保质的关键。收获期一般掌握在9月20日前后蜡熟末期收获。

种子收获根据种子田的大小、机械化程度的高低不同而采取相应措施。种子田面积小的可采用人工收获，最好在清晨有雾露时进行，以减少种子损失。割后应立即搂集并捆成草束，尽快从田间运走。不要在种子田内摊晒堆垛。脱粒和干燥应在专用场院进行。用机器收获时，应在无雾或无露的晴朗、干燥天气下进行。

种子收获后应立即风扬去杂，晒干晾透。高粱种子的干燥方法有自然干燥和人工干燥两种。自然干燥是利用日光暴晒、通风、摊晾等方法来降低种子的水分含量。分两个阶段进行：第一阶段是在收割以后，捆束在晒场上码成小垛，使其自然干燥，便于脱粒；第二阶段是脱粒后的种子在晒场上晾晒，直至种子的湿度符合储藏标准为止。人工干燥是利用各种不同的干燥机进行，要求种子出机时的温度在30～40℃。

种子干燥后，即可装袋入库储藏，一般种子库要有通风设施，注意防潮防漏、防鼠，常温下种子保存3～4年仍可作为种用。低温储藏（－4℃）库种子保存10～15年仍可作为种用。

第四章　谷　子

第一节　概　述

一、谷子在国民经济发展中的地位

谷子属禾本科，黍族，狗尾草属，又称为粟，是我国的主要栽培作物之一。

谷子是我国北方地区主要粮食作物之一，种植面积占全国粮食作物播种面积的5%左右，占北方粮食作物播种面积的10%～15%，仅次于小麦、玉米，居第三位。在一些丘陵山区如辽宁省建平、内蒙古赤峰、河北省武安等地，谷子播种面积占粮食作物播种面积的30%～40%，不仅是当地农民的主要经济来源，也仍是当地农民的主粮。

谷子是中国传统的优势作物、主食作物。谷子抗旱、耐瘠、抗逆性强，水分利用率高，适应性广，化肥农药用量少。在适宜温度下，谷子吸收本身重量26%的水分即可发芽，而同为禾本科作物的高粱需要40%、玉米需要48%、小麦需要45%。谷子不仅抗旱，而且水利用率高，每生产1g干物质，谷子需水257g，玉米需水369g，小麦需水510g，而水稻则更高。不仅在目前旱作生态农业中有重要作用，而且针对日益严重的水资源短缺，谷子还是重要的战略储备作物及典型的环境友好型作物。

（一）小米的营养价值

谷子去壳后称小米，小米的种类较多，包括粳性小米、糯性小米、黄小米、白小米、绿小米、黑小米及香小米等。小米营养价值高、易消化且各种营养成分相对平衡，能够满足人类生理代谢较多方面的需要，是具有营养保健作用的粮食作物，它含有的对人体有重要作用的食用粗纤维是大米的5倍，是近年来兴起的世界性杂粮热的主要作物。

1. 小米的营养成分

小米蛋白质含量7.5%～17.5%，平均为11.42%，脂肪含量平均为3.68%，均高于大米和面粉。糖类含量72.8%，维生素A含量1.9mg/kg，维生素B_1、维生素B_2含量分别6.3mg/kg和1.2mg/kg，纤维素含量1.6%。一般粮食中不含的胡萝卜素在小米中的含量是1.2mg/kg，其维生素B_1的含量位居所有粮食之首。还含有大量人体必需的氨基酸和丰富的铁、锌、铜、镁、钙等矿物质。谷子营养丰富，适口性好，长期以来被广大群众作为滋补强身的食物。

2. 小米的营养成分特点

（1）蛋白质含量高于其他作物。小米蛋白质含量平均为11.42%，高于大米、玉米和小麦。特别是小米蛋白质的氨基酸组成，含有人体必需的8种氨基酸，其中，小米蛋氨酸含量分别是大米的3.2倍、小麦和玉米的2.6倍；色氨酸含量分别是玉米的3.0倍、大米和小麦的1.6倍，必需氨基酸含量基本上接近或高于FAO建议标准。

（2）脂肪酸有利于人体吸收利用。小米粗脂肪含量平均为4.28%，高于小麦粉和稻米。其中，亚油酸占70.01%，油酸占13.39%，亚麻酸占1.96%，不饱和脂肪酸总量为85.54%，非常有利于人体吸收和利用。

（3）微量元素丰富。小米含有丰富的铁、锌、铜、锰等微量元素，其中，每100g小米铁含量为6.0mg，铁是构成红细胞中血红蛋白的重要成分，所以食用小米有补血壮体的作用。小米中的锌、铜、锰均大大超过稻米、小麦粉和玉米，有利于儿童生长发育。

（二）小米的保健功能

1. 提高人体抵抗力

小米因富含维生素 B_1、维生素 B_2 等，对于提高人体抵抗力非常有益，有防止消化不良及口角生疮的功能。

2. 补血壮体

小米矿物质含量较高，具有滋阴养血的功能。可以使产妇虚寒的体质得到调养。

3. 促进消化

小米的食用纤维含量是稻米的5倍，可促进人体的消化吸收。

4. 药用价值

小米具有健胃益脾、补血降压、抗衰健身、延年益寿等独特功效，还能健脑、防止神经衰弱。不饱和脂肪酸有防治脂肪肝、降低胆固醇的作用。

5. 天然黄色素

小米黄色素是一种安全无毒，而且具有防护视觉、提高人体免疫力、防治多种癌症、延缓衰老等特殊功能的营养素，符合食品添加剂天然、营养和多功能的发展方向。

（三）谷草的饲用价值

谷子是粮草兼用作物，粮、草比为1：（1～3）。据中国农业科学院畜牧研究所分析，谷草含粗蛋白3.16%、粗脂肪1.35%、无氮浸出物44.3%、钙0.32%、磷0.14%，其饲料价值接近豆科牧草。谷草和谷糠质地柔软，适口性好，营养丰富，是禾本科中最优质的饲草，是家畜和畜禽的重要饲料，在畜牧业发展中有重要作用。

二、谷子分布、生产与区划

（一）谷子的起源、分布与生产概况

谷子是我国最古老的栽培作物之一，中国种粟历史悠久，据对西安半坡遗址、河北磁山遗址、河南裴李岗遗址等出土的大量炭化谷粒考证，谷子在我国有7 500年以上的栽培历史。早在7 000多年前的新石器时代，谷子就已成为我国的主要栽培作物。A. 德堪多认为，粟是由中国经阿拉伯、小亚细亚、奥地利而西传到欧洲的。Н. И. 瓦维洛夫将中国列为粟的起源中心。

谷子在世界上分布很广，主要产区是亚洲东南部、非洲中部和中亚等地。以印度、中国、尼日利亚、尼泊尔、俄罗斯、马里等国家栽培较多。我国是世界上谷子的集中种植国，播种面积占世界谷子播种面积的80%，产量占世界谷子总产量的90%。印度是世界第二谷子主产国，约占世界总面积的10%，澳大利亚、美国、加拿大、法国、日本、朝鲜等国家有少量种植。

谷子在我国分布极其广泛，各地几乎都能种植，但主产区集中在东北、华北和西北地区。近年来，由于农业生产发展，种植业结构调整，我国谷子面积与20世纪80年代相比有所下降，其中春谷面积下降幅度较大，而夏谷面积有所发展。据2000年统计，全国谷子种植面积约125万hm^2，年总产212万t

左右，平均1 700kg/hm^2；种植面积较大的地区依次是河北、山西、内蒙古自治区（以下简称内蒙古）、陕西、辽宁、河南、山东、黑龙江、甘肃、吉林和宁夏回族自治区（以下简称宁夏），总面积123万hm^2，占全国谷子面积的98.4%，单产平均1 760 kg/hm^2，其中，黑龙江、吉林、辽宁三省谷子面积19.5万hm^2，占全国谷子面积的15.6%，单产平均1 448 kg/hm^2，河北、山西、内蒙古谷子面积75.4万hm^2，占全国谷子面积的60.3%，单产平均1 760 kg/hm^2，陕西、甘肃、宁夏谷子面积14.6万hm^2，占全国谷子面积的11.7%，单产平均980kg/hm^2，河南、山东谷子面积13.5万hm^2，占全国谷子面积的10.8%，单产平均2 003kg/hm^2。随着谷子优良品种的推广和栽培技术的改进，提高谷子品质和生产效益成为我国今后谷子生产的发展方向。

（二）谷子栽培区划

我国谷子栽培范围广，自然条件复杂，栽培制度不同，栽培品种各异，从而形成了地区间的差异。20世纪90年代，王殿赢等根据我国谷子生产形势的变化，在原东北春谷区、华北平原区、内蒙古高原区和黄河中上游黄土高原区4个产区划分的基础上，根据谷子播种期和熟性及区域性将中国谷子主产区划分为五大区11个亚区。

1. 春谷特早熟区

（1）黑龙江沿江和长白山高寒特早熟亚区。包括我国最北部的黑龙江沿江各县及长白山高海拔县。该区气候寒冷，是我国种谷北界，谷子品种生育期100天以下。对温度和短日照反应中等，对长日照反应敏感。该地区谷子常与大豆、高粱、玉米等进行3年轮作。栽培品种多为不分蘖、植株矮小、穗小、粒小、上籽快的早熟品种。

（2）晋冀蒙长城沿线高寒特早熟亚区。包括内蒙古中部南沿、晋西北和冀北坝上高寒地区。该区谷子品种生育期100天左右，对日照和温度反应敏感。抗旱性强，植株矮小、穗短、不分蘖。

2. 春谷早熟区

（1）松嫩平原、岭南早熟亚区。包括黑龙江省除松花江平原和黑龙江沿线以外的全部吉林长白山东西两侧、内蒙古大兴安岭东南各旗。该区谷子品种生育期100~110天，对短日照和温度反应中等，对长日照反应不敏感至中等，植株较矮，穗较短，粒较小，不分蘖。

（2）晋冀蒙甘宁早熟亚区

包括河北张家口坎下、山西大同盆地及东西两山高海拔县、内蒙古中部黄河沿线两侧、宁夏六盘山区、陇中和河西走廊、北京北部山区。该区谷子品种生育期110天左右，对日照反应敏感，对温度反应中等至敏感。抗旱性强，秆矮不分蘖，穗较长，粒大。

3. 春谷中熟区

（1）松辽平原中熟亚区。包括黑龙江南部的松花江平原，吉林松花江上游河谷、长春、白城平原，内蒙古赤峰、兴安盟山地和西辽河灌区。本区东西两翼为丘陵山区，中部是广阔的松辽平原，是春谷面积最大的亚区。品种对短日照反应中等，对长日照反应不敏感至中等。感温性弱。

（2）黄土高原中部中熟亚区。包括冀西北山地丘陵、晋西黄土丘陵、晋东太行山地、陕北丘陵沟壑和长城以北的风沙区。本区谷子品种生育期120天左右，对长日照反应中等至敏感，谷子品种抗旱耐瘠，植株中等，穗特长。

4. 春谷晚熟区

（1）辽吉冀中晚熟亚区。包括吉林四平、辽宁铁岭平原、辽西北丘陵、辽东山区、冀东承德丘陵山区。是辽宁、河北春谷主产区。谷子品种对短日照反应中等，对长日照不敏感，温度反应多不敏感。植株较高，穗较长，粒小，生育期 110 ~ 125 天。

（2）辽冀沿海晚熟亚区。包括沈阳以南的辽东半岛、辽西走廊和河北唐山地区。谷子品种温度反应敏感，短日高温生育期长，显著不同于其他春谷区。株高中等，生育期 120 天以上。本区已由春谷向夏谷发展。

（3）黄土高原南部晚熟亚区。包括山西太原盆地、上党盆地、吕梁山南段、陇东泾渭上游丘陵及陇南少数县、陕西延安地区。本区南界为春夏谷交界线，南部有少量夏谷，但面积和产量都不稳定。谷子品种对短日照反应中等至敏感，对长日照反应中等；温度反应不敏感，生育期 120 ~ 130 天，植株高大繁茂、穗较长，有少量分蘖，籽粒小。

5. 夏谷区

（1）黄土高原夏谷亚区。包括山西汾河河谷、临汾、运城盆地、泽州盆地南部、陕西渭北旱塬和关中平原。该区 3 个不同熟期地段，生育期 80 ~ 90 天。品种对短日照反应中等至敏感，对长日照不敏感，个别敏感，对温度反应不敏感，个别敏感；短日高温生育期短至中等。植株较高，穗较长，千粒重较高。

（2）黄淮海夏谷亚区。包括北京、天津以南、太行山、伏牛山以东、大别山以北、渤海和黄海以西的广大华北平原，是我国夏谷主产区。品种对短日照不敏感至中等，对长日照不敏感。品种多为中早熟类型，少数晚熟，一般生育期 80 ~ 90 天。

植株较矮，穗较长，粒小。

（三）谷子的分类

依据籽粒粳、糯性划分，可分为硬谷、红酒谷；依据穗型、秆色、刚毛色等划分，可分为龙爪谷、毛梁谷、青谷、红谷等；依据植株叶色、辅色、分蘖多少划分，可分为白秆谷、紫秆谷、青秆谷等；依生育期划分，可分为早熟类型（春谷少于110天、夏谷70～80天）、中熟类型（春谷111～125天、夏谷81～91天）、晚熟类型（春谷125天以上、夏谷90天以上）。

第二节　主要优良品种介绍

一、冀谷20

该品种系河北省农林科学院谷子研究所选育。生育期87天，株高121.4cm，抗旱、抗倒、耐涝性均为1级，对谷锈病、谷瘟病、纹枯病抗性亦为1级，抗红叶病、白发病。一般单产4 960kg/hm^2 左右。适宜在河北、河南、山东夏谷区种植，也可在唐山、秦皇岛、山西中部、宁夏南部春播。

二、冀谷21

该品种系河北省农林科学院谷子研究所选育。生育期85天，株高119.2cm，高度耐涝，抗倒性、抗旱性均为1级，对谷锈病、谷瘟病、纹枯病抗性均为1级，抗白发病、红叶病，一般单产4 957kg/hm^2 左右。适宜在河北、河南、山东夏谷区种植，也可在唐山、秦皇岛、山西中部、宁夏南部春播。

三、衡谷9号

该品种系河北省农林科学院旱作农业研究所选育。生育期89天，株高116.9cm，抗倒、耐涝性为3级，抗旱性为1级，对谷锈病抗性为1级，对谷瘟病、纹枯病抗性分别为3级、2级，红叶病、线虫病发病率分别为0.5%、0.3%，抗白发病，一般单产4 785kg/hm^{2}左右。适宜在河北、河南、山东夏谷区种植。

四、谷丰1号

该品种系河北农林科学院谷子研究所选育。夏播中晚熟品种，生育期89天，一般单产3 750～6 000kg/hm^2。抗倒伏，抗谷锈病、谷瘟病和红叶病，耐旱能力强，黄谷黄米，籽粒含粗蛋白12.28%、粗脂肪3.85%、直链淀粉14.12%。适宜在冀、鲁、豫两作制地区夏茬种植，也可在燕山、太行山区春播。

五、鲁谷10号

该品种系山东省农业科学院作物研究所选育。夏播中早熟品种，生育期85天，成株株高110～120cm，适口性中等，抗倒伏能力稍差，抗谷瘟病、红叶病、白发病，感锈病，一般单产4 800kg/hm^2。含粗蛋白10.9%、粗脂肪3.19%。适宜冀、鲁、豫两作制地区中等肥力地块夏茬种植。

六、豫谷9号

该品种系河南省农业科学院作物研究所选育。夏播中熟品种，生育期87天，成株株高115cm左右，抗倒伏、抗旱耐涝性较强，抗白发病、红叶线虫病，抗谷锈病中等，一般单产4 600

kg/hm^2。黄谷黄米，适口性好。适于冀、鲁豫两作制地区中等以上肥力地块夏茬种植。

七、晋谷 21

该品种系山西省农业科学院经济作物研究所选育。春播中熟品种，生育期 125 天左右。成株株高 150cm 左右，耐旱性强，抗倒伏，对谷瘟病敏感程度中等。黄谷黄米，适口性较好，小米含粗蛋白 10.67%、粗脂肪 5.68%、赖氨酸 0.28%，适于山西、陕西、河北、内蒙古中熟春谷区种植。

八、晋谷 27

该品种系山西省农业科学院谷子研究所选育。春播晚熟品种，生育期 128 天，成株株高 135cm 左右，耐旱性强，抗倒伏，抗谷瘟病能力中等，一般单产为 3 700kg/hm^2。适口性较好，小米含粗蛋白 11.83%、粗脂肪 2.14%、直链淀粉 16.60%。适于山西晋中、阳泉、长治、晋城等地春播和临汾、运城复种。

九、晋谷 29

该品种系山西省农业科学院经济作物研究所选育。生育期 120 天左右，属中晚熟品种。株高 130cm，主穗长 20cm，单穗粒重15.5～18.0g，出谷率77.8%，一般单产4 000kg/hm^2 左右。小米含蛋白质 13.39%、脂肪 5.04%、赖氨酸 0.37%、直链淀粉 12.20%，胶稠度 14.4mm，碱硝指数 3.2。适宜山西、陕西、甘肃、河北、北京等春谷区种植。

十、长农 35

该品种系山西省农业科学院谷子研究所选育。春播晚熟品种，生育期128天，株高143.3cm，抗倒性、耐旱性均为1级，抗锈性亦为1级，对谷瘟病、线虫病、纹枯病、黑穗病抗性强，一般单产3 852kg/hm^2。小米含粗蛋白13.10%、粗脂肪3.62%、赖氨酸0.31%、直链淀粉14.18%，适宜在山西中南部、陕西延安、甘肃东部无霜期150天以上地区春播。

十一、晋谷36

该品种系山西省农业科学院遗传研究所选育。生育期141天，株高155.8cm，抗倒性、耐旱性均为1级，抗锈性为1级，抗谷瘟病、纹枯病、黑穗病、线虫病，一般单产3 990kg/hm^2。适宜在山西中南部、陕西延安、甘肃东部无霜期150天以上地区春播。

十二、兴谷88

该品种系山西省农业科学院选育。生育期140天，株高127.8cm，抗倒性、耐旱性为1级，抗锈性为1级，抗谷瘟病、纹枯病、黑穗病、线虫病，红叶病发病率为6.27%，白发病发病率为0.6%，虫蛀率为4%。一般单产3 702kg/hm^2。适宜在山西中南部、陕西延安、甘肃东部、辽宁铁岭无霜期150天以上地区春播。

十三、张杂谷3号

该品种系河北省张家口坝下农业科学研究所、中国农业科学院品种资源研究所（现为中国农业科学院作物科学研究所）选育。生育期125天，株高112.4cm，抗谷锈病、谷瘟病、纹枯病、白发病、线虫病，耐旱性为1级，红叶病、黑穗病发病率分别为0.25%和3.49%，抗倒性为3级，一般单产5 080.5kg/hm^2。适宜在河北张家口坝下、山西北部、陕西榆林、内蒙古呼和浩特地区春播。

十四、承谷12

该品种系中种集团承德长城种子有限公司选育。生育期121天，株高133.3cm，抗倒性为3级，耐旱性为1级，对谷锈病、谷瘟病抗性为1级，抗纹枯病、黑穗病、线虫病，红叶病发病率为2.78%，白发病发病率为5.5%，虫蛀率为2.42%，一般单产4 467 kg/hm^2。适宜在河北北部、山西中部、辽宁朝阳春播。

十五、公谷68

该品种系吉林省农业科学院作物育种研究所选育。生育期126天，株高158.4cm，中抗倒伏，抗旱、耐涝性均为1级，对谷锈病、谷瘟病、纹枯病、黑穗病抗性也为1级，抗白发病。一般单产4 824kg/hm^2，适宜在吉林中、西部和辽宁北部种植。

十六、赤谷10号

该品种系赤峰市农业科学院选育。具有抗旱、抗倒伏、抗病、粮草双丰、适应性广、生育期适中的特点。平均单产籽实4 717.5kg/hm^2。适于2 800℃以上积温区的旱平地、坡地和水浇地种植。

十七、张杂谷8号

该品种系为春夏播兼用的杂交种。它根系发达，茎秆粗壮，叶片宽厚，生长势强，适宜在河北、山西、陕西、甘肃、内蒙古等省、自治区，以及≥10℃积温2 900℃以上肥水条件好的地区春播种植。还适宜在河北、山西、陕西、河南等省二季作区夏播种植。

第三节 高产栽培技术

一、轮作倒茬

谷子忌连作，原因有三：一是病害严重，二是杂草多，三是大量消耗土壤中同一营养要素造成“歇地”，致使土壤养分失调。因此，必须进行合理轮作倒茬，这样才能充分利用土壤中的养分，减少病虫杂草的危害，提高谷子单位面积产量。

谷子对前作无严格要求，但谷子较为适宜的前茬以豆类、油菜、绿肥作物、玉米、高粱、小麦等作物为好。谷子要求3年以上的轮作。

二、精细整地

（一）秋季整地

秋收后封冻前灭茬耕翻，秋季深耕可以熟化土壤，改良土壤结构，增强保水能力；加深耕层，利于谷子根系下扎，扩大根系数量和吸收范围，增强根系吸收肥水能力，使植株生长健壮，从而提高产量。耕翻深度20～25cm，要求深浅一致、不漏耕。结合秋深耕最好一次施入基肥。耕翻后及时耙耢保墒，减少土壤水分散失。

（二）春季整地

春季土壤解冻前进行“三九”滚地，当地表土壤昼夜化冻时，要顶浆耕翻，并做到翻、耙、压等作业环节紧密结合，消灭坷垃，碎土保墒，使耕层土壤达到疏松、上平下碎的状态。

三、合理施肥

增施有机肥可以改良土壤结构，培肥地力，进而提高谷子产量。有机肥作基肥，应在上年秋深耕时一次性施入，有机肥施用量一般为 15 000 ~ 30 000 kg/hm^2，并混施过磷酸钙600 ~ 750kg/hm^2。以有机肥为主，做到化肥与有机肥配合施用，有机氮与无机氮之比以 1 : 1 为宜。

基肥以施用农家肥为主时，高产田以 7.5 万 ~ 11.2 万 kg/hm^2 为宜，中产田 2.2 万 ~ 6.0 万 kg/hm^2。如将磷肥与农家肥混合沤制作基肥效果最好。

种肥在谷子生产中已作为一项重要的增产措施而广泛使用。氮肥作种肥，一般可增产 10% 左右，但用量不宜过多。以硫酸铵作种肥时，用量以 37.5kg/hm^2 为宜，尿素以 11.3 ~ 15.0kg/hm^2 为宜。此外，农家肥和磷肥作种肥也有增产效果。

追肥增产作用最大的时期是抽穗前 15 ~ 20 天的孕穗阶段，一般以纯氮 75kg/hm^2 左右为宜。氮肥较多时，分别在拔节始期追施“坐胎肥”，孕穗期追施“攻粒肥”。最迟在抽穗前 10 天施入，以免贪青晚熟。在谷子生育后期，叶面喷施磷肥和微量元素肥料，也可以促进开花结实和籽粒灌浆。

四、播种

（一）选用良种与种子处理

选择适合当地栽培、优质、高产、抗病虫、抗逆性强、适应性广、粮草兼丰的谷子品种。其中，大面积推广的有赤谷 10

号、长农35、晋谷22、张杂谷3号、龙谷29、铁谷7号、公谷63、黏谷1号等品种。

谷子播种前进行种子处理。种子处理有筛选、水选、晒种、药剂拌种和种子包衣等。药剂拌种可以防治白发病、黑穗病和地下害虫等。

1. 筛选

通过簸、筛和风车清选，获得粒大、饱满、整齐一致的种子。

2. 水选

将种子倒入清水中并搅拌，除去漂浮在水面上轻而小的种子，沉在水底粒大饱满的种子晾干后可供播种用。也可用10%～15%盐水选种，将杂质秕谷漂去，再用清水冲洗两次洗净盐分，晾干后就可用于播种，还可除去种子表面的病菌孢子。盐水选种比清水选种更好。

3. 晒种

播种前10天左右，选择晴朗天气将种子翻晒2～3天，能提高种子的发芽率和发芽势，以促进苗全、苗壮。

4. 药剂

拌种用25%瑞毒霉可湿性粉剂按种子量的0.3%拌种，防白发病；用种子量的0.2%～0.3%的75%粉锈宁可湿性粉剂或50%多菌灵可湿性粉剂拌种，防黑穗病。

此外，种子包衣，有防治地下害虫和增加肥效的功能。

（二）播种期与播种方式

1. 播种期

适期播种是保证谷子高产稳产的重要措施之一，我国谷子产区自然条件和耕作制度差别很大，加上品种类型繁多，因而播期差别较大。春谷一般在5月上旬至6月上旬（立夏前后）播种为宜，当5cm地温稳定在7～8℃时即可播种，墒情好的地块要适时早播。夏谷主要是冬小麦收获后播种，应力争早播。秋谷主要分布在南方各省，一般在立秋前后下种，育苗移栽的秋谷应在前茬收获的20～30天前播种，以便适期移栽。此外，北方少数地区还有晚秋种谷的，即所谓“冬谷”或“闷谷”。播种时间一般在冬前气温降到2℃时较好。

早熟品种类型，随播期的延迟，穗粒数、千粒重、茎秆重有增加的趋势；中熟品种适当早播，穗粒数、穗粒重、千粒重、茎秆重均较高；晚熟型品种，早播时穗粒数、穗粒重和千粒重均较高。因而晚熟品种应争取早播，中熟品种可稍迟，早熟品种宜适当晚播，使谷子生长发育各阶段与外界条件较好的配合。

2. 播种方法

谷子播种方式有耧播、沟播、垄播和机播。

（1）耧播。是谷子主要的播种方式，耧播在1次操作中可同时完成开沟、下籽、覆土3项工作，下籽均匀，覆土深浅一致，失墒少，出苗较好，适应地形广。全国大多数谷子产区采用耧播。

（2）沟播。是我国种谷的一项传统经验，有的地方称垄沟种植，优点是保肥、保水、保土，谷子在内蒙古东部谷子主产区赤峰种植采用沟播方式进行，一般可增产10%～20%。

（3）垄播。主要在东北地区，谷子种在垄上，有利于通风透光，提高地温，利于排涝及田间管理。

（4）机播。以30cm双行播种产量最高，机播具有下籽匀、保墒好、工效高、行直、增产显著等特点。

（三）播种量与密度

根据谷子品种特性、气候和土壤墒情，确定适宜的播种量，创建一个合理的群体结构，使叶面积指数大小适宜，并保持一个合理发展状态，增加群体干物质积累量，进而实现高产。

春谷播量一般为7.5kg/hm^{2}左右，夏谷播量9kg/hm^2。一般行距在42～45cm。一般晚熟、高秆、大穗、分蘖多的品种宜稀，反之，宜密。穗子直立，株型紧凑的品种，可适当密植；反之叶片披垂，株型松散的品种，密度要适当稀些。

播种深度3～5cm，播后覆土2～3cm。间苗时留拐子苗，株距4.5～5cm。一般旱地每公顷留苗30万～45万株，水地留苗45万～60万株。

五、田间管理

（一）保全苗

播前做好整地保墒，播后适时镇压，增加土壤表层含水量，利于种子发芽和出苗。发现缺苗垄断可补种或移栽，一般在出苗后2～3片叶时进行查苗补种。以3～4片叶时为间苗适期，通过间苗，去除病、弱和拥挤丛生苗。早间苗防苗荒，利于培育壮苗。根系发达、植株健壮是后期壮株、大穗的基础，是谷子增产的重要措施，一般可增产10%以上。谷子6～7片叶时结合留苗密度进行定苗，留1茬拐子苗（三角形留苗），定苗时要拔除弱苗和枯心苗。

（二）蹲苗促壮

谷苗呈猫耳状时，在中午前后用磙子顺垄压2～3遍，有提墒防旱壮苗的作用。在肥水条件好、幼苗生长旺的田块，应及时进行蹲苗。蹲苗的方法主要在2～3片叶时镇压、控制肥水及多次深中耕等，实现控上促下，培育壮苗。一般幼穗分化开始，蹲苗应该结束。

（三）中耕除草

谷子的中耕管理大多在幼苗期、拔节期和孕穗期进行，一般进行3次。第一次中耕在苗期结合间定苗进行，兼有松土和除草双重作用。中耕掌握浅锄、细碎土块、清除杂草的技术。进行第二次中耕在拔节期（11～13片叶）进行，此次中耕前应进行一次清垄，将垄眼上的杂草、谷莠子、杂株、残株、病株、虫株、弱小株及过多的分蘖，彻底拔出。有灌溉条件的地方应结合追肥灌水进行，中耕要深，一般深度要求7～10cm，同时进行少量培土。第三次中耕在孕穗期（封行前）进行，中耕深度一般以4～5cm为宜，结合追肥灌水进行。这次中耕除松土、清除草和病苗弱苗外，同时进行高培土，以促进植株基部茎气生根的发生，防止倒伏。

中耕要做到"头遍浅，二遍深，三遍不伤根"。

（四）灌溉排水

谷子一生对水分需求可概括为苗期宜旱、需水较少，中期喜湿需水量较大，后期需水相对减少但怕旱。

谷子苗期除特殊干旱外，一般不宜浇水。

谷子拔节至抽穗期是一生中需水量最大、最迫切的时期。需水量为244.3mm，占总需水量的54.9%。该阶段干旱，可浇1次水，保证抽穗整齐，防止"胎里旱"和"卡脖旱"，而造成谷穗变小，形成秃尖瞎码。

谷子灌浆期处于生殖生长期，植株体内养分向籽粒运转，仍然需要充足的水分供应。需水量为112.9mm，占总需水量的25.4%。灌浆期如遇干旱，即"秋吊"，浇水可防止早衰，但应进行轻浇或隔行浇，不要淹漫灌，低温时不浇，以免降低地温，影响灌浆成熟。风天不浇，防治倒伏。

灌浆期雨涝或大水淹灌，要防止田间积水，应及时排出积水，改善土壤通气条件，促进灌浆成熟。

六、谷子病虫害防治

谷子病虫害主要是白发病、粟灰螟、粟叶甲、粟茎跳甲、粟芒绳、黏虫等，要防治好这些病虫害，必须要抓住关键环节，并要采取综合措施。

（一）防治原则

应坚持“预防为主，综合防治”的方针。优先采用农业防治、生物防治、物理防治，科学使用化学防治。使用化学农药时，应执行 GB 4286 和 GB/T 8321（所有部分）。禁止使用国家明令禁止的高毒、剧毒、高残留的农药及其混配农药品种。应合理混用、轮换、交替用药，防止和推迟病虫害抗性的产生和发展。

（二）防治方法

1. 农业防治

选用抗（耐）病优良品种；合理布局，实行轮作倒茬；彻底清除谷茬、谷草和杂草；定苗时先要拔除“灰背”病株，防止病害蔓延；适当晚播，白发病、粟灰螟等主要为害早播谷子，所以，适当晚播可减轻病虫害的发生。

2. 生物防治

保护和利用瓢虫等自然天敌，杀灭蚜虫等害虫。

3. 物理防治

根据害虫生物学特性，采取糖醋液、黑光灯或汞灯等方法诱杀蚜虫等害虫的成虫。

4. 药剂防治

对于粟茎跳甲、粟灰螟、粟叶甲、粟芒蝇、黏虫等谷子害虫，可用苏云金杆菌粉500g加10～15kg滑石粉或其他细粉混匀配成500倍液喷雾，或用2.5%溴氰菊酯乳油2 500倍液喷雾，或用21%氰马乳油2 500倍液喷雾防治。

第四节　适时收获与储藏

适期收获是保证谷子高产丰收的重要环节，谷子适宜收获期在蜡熟末期至完熟期最好。当谷穗背面没有青粒，谷粒全部变黄、硬化后及时收割。收获过早，批粒多或不饱满，谷粒含水量高，出谷率低，产量和品质下降；收获过迟，纤维素分解，茎秆干枯，谷壳口松落粒严重，造成产量损失。

谷子有后熟作用，收获的谷子堆积数天后再切穗脱粒，可增加粒重。

风干后脱粒，脱粒后应及时晾晒，一般籽粒含水量在13%以下可入库储藏。仓库要保证仓顶不漏水，地面不返潮，门窗设网防止鸟、鼠、虫入内。

第五章　莜　麦

第一节　概　述

莜麦栽培技术是在深入研究莜麦生长发育规律及其与环境条件的关系基础上，科学地融合生态学、生理学、土壤学、耕作学、农业气象学、育种学等学科的研究成就，针对不同地区生产中存在的关键技术问题，因地制宜地研究确定不同自然条件、生产条件下作物增产、稳产的技术途径。栽培技术的实施，必须注意以经济效益、高产、稳产、优质、低成本、高效率为目的。栽培技术的应用，必须考虑不同地区的生产条件和经济条件，做到因地制宜。决定莜麦产量的主要指标是单位面积的穗数、粒数、粒重等产量构成因素能否得到最大限度的发展，三者之间是否协调。适期播种、合理密植、全苗壮苗，促使大蘖是保证单位面积的穗数达到计划规定指标的基础；创造良好的丰产条件，从分穗、花分化阶段对水分、养分的要求，可以增加穗粒数，提高结实率，使不孕量降至最低限度。穗重高低取决于灌浆时间长短及光照条件和光合产物的有效积运转，以及有机养分输送时的土壤水分条件。出苗后至收获前，及时防治各种病以延长绿色器官的功能期及光合作用时间。使各生育阶段生长发育正常是保证高产的关键；因地制宜地选用丰产性好、抗逆性强的优良品种是获取高产量最为经济有效的措施。

第二节　主要优良品种介绍

一、中熟品种——坝莜一号

该品种系河北省张家口市坝上农科所育成。

该品系幼苗直立，苗色深绿，生育期86～95天，属中熟型品种。株型紧凑，叶片上举；株高80～123cm，产草量比“冀张莜一号”增产2.7%。群体结构好，穗部性状好，周散型穗，短串铃，主穗小穗数20.7个，穗粒数57.5粒，穗粒重达1.45g。籽粒椭圆形、浅黄色，千粒重24.8g，籽粒整齐、含水率低，籽粒含蛋白质15.6%、脂肪5.53%。

稳产性好，适应性强，抗旱、抗倒伏性强，轻感黄矮病，一般每亩产量为150kg以上。

适宜播期为5月25～30日。一般亩播籽10～11kg，亩苗数掌握在30万株左右，阴滩地可适当增加播量。结合播种要施种肥，一般亩施磷酸二铵5kg、尿素2kg为宜。

适宜在河北省坝上肥沃平地、坡地、二阴滩地以及内蒙古、山西、甘肃等同类型区种植。

二、晚熟品种——坝莜二号

该品种系河北省张家口市坝上农科所育成。

该品系幼苗半直立，苗深绿，生长势强，生育期100天左右，属晚熟型品种。株型紧凑，叶片上举；株高117.4～131.4cm，最高可达150cm，产草率高，一般亩产可达400kg左右。周散型穗，长串铃，主穗铃数20.9～36.3个，主穗粒数46.2～71.7个，主穗粒重1.03～1.56g，千粒重23.09g左右。

籽粒稍长，浅黄色，品质优，蛋白质含量达脂肪含量为5.69%。

茎秆坚韧，抗倒伏力强，群体结构好，成穗率高。轻感黄矮病、坚黑穗病。口紧、不落粒，抗旱、耐瘠性强，适应性广，一般亩产100~150kg以上。

适宜播期为5月15~25日。一般旱地亩播籽9~10kg，亩苗数掌握在25万~30万株。播种前要用50%的菌灵或甲基托布津以种子重量0.3%的用药量拌种，防治坚黑穗病；结合播种亩施磷酸二铵5kg、尿素2kg作种肥。

适宜在河北省坝上瘠薄平滩地、旱坡地以及山西、内蒙古等地同类型区种植。

三、中晚熟品种——坝莜三号

该品种系河北省张家口市坝上农科所育成。

该品系幼苗直立，苗色深绿，生长势强，生育期95~100天，属中晚熟品种。株型紧凑，叶片上举；株高110~120cm，最高可达165cm，化梢率低，成穗率高，群体结构好。周散型穗，短串铃，穗部性状优，主穗小穗数23.0个（最高达55个），穗粒数61.7粒（最高达142粒），铃粒数2.75粒，穗粒重1.22g（最高达3.5g）。籽粒长形，粒色浅黄，千粒重22.0~25.0g，含皮燕麦率0.1%。品质优异，籽粒蛋白质含量16.8%，脂肪含量4.9%，总纤维含量，7.05%。抗倒、抗旱性强，适应性广。高抗坚黑穗病，轻感黄矮病。

该品种适应生产潜力在100~200kg/亩的旱滩地、阴滩地、肥坡地种植。阴滩地5月20日前后播种，肥坡地和旱平地5月25日前后播种。阴滩地亩播量8~10kg，亩苗数25万株左右；旱平地和肥坡地亩播量7.5~9.0kg，亩苗数20万株左右。结合播种亩施磷酸二铵3~5kg。于莜麦拔节期结合中耕或趁雨亩追施尿素5～10kg。

四、中熟品种——坝莜六号

该品种系河北省张家口市坝上农科所育成。

该品种幼苗半直立，苗色深绿，生育期80天左右，属早熟品种。株型紧凑，叶片上举，株高80～90cm，化梢率低，成穗率高，群体结构好。周散型穗，短串铃，主穗平均小穗数21.2个，穗粒数54.1粒，铃粒数2.55粒，穗粒重1.21g。籽粒椭圆形，浅黄色，千粒重20～23.5g。籽粒蛋白质含量14.2%，脂肪含量3.58%。

高产、抗倒，一般亩产200kg以上。

适宜播种期为5月底至6月初。一般亩播籽10～12.5kg，亩苗数掌握在30万株左右。结合播种亩施磷酸二铵4～5kg，于莜麦分蘖期亩追施尿素5～10kg。

适宜在河北坝上肥力较高的平滩地和下湿阴滩地以及内蒙古、山西等省区的同类型区种植。

五、中晚熟品种——冀张莜四号（品五号）

该品种系河北省张家口市坝上农科所育成。

该品种生育期88～97天。幼苗直立，苗色深绿，生长势强。株型紧凑，叶片上举，株高100～120cm，最高可达140cm。茎秆坚韧，抗倒伏力强。群体结构好，成穗率高；穗铃数13.4～30个，平均18.7个，平均穗粒数39.8粒，最高达60多粒，穗粒重0.34～1.13g，平均穗粒重0.85g，千粒重20.0～22.6g。籽粒长，浅黄色。抗旱、耐瘠、耐黄矮病性强，适应性广，较抗坚黑穗病。落黄好，口紧不落粒，增产潜力大。

该品种适应在生产潜力100～200kg/亩的平滩地和肥坡地种

植。较肥平滩地和二阴滩地5月20日前后播种，肥坡地和旱滩地5月25日前后播种，瘠薄旱坡地和沙质土壤5月底播种。瘠薄旱坡地亩播量7.5～8kg，较肥旱坡地和旱滩地亩播量8～9kg，较肥平滩地和二阴滩地亩播量10kg左右。

六、极早熟高产莜麦新品种——花早2号

该品种系河北省张家口市坝上农科所育成。

生育期80天左右，属极早熟品种。幼苗直立，苗色深绿，叶片上举，株型紧凑，群体结构好，适宜密植；株高80～90cm，属矮秆类型，茎秆坚韧，喜肥耐水，抗倒伏力极强；周散型穗，长串铃，穗茎部小穗上举，主穗粒数在56.37～65.84粒，穗粒重在1.32～1.52g，千粒重23.5g左右；籽粒短粗壮，椭圆形，浅黄色，熟相好，口紧不落粒。经张家口市坝上农科所植保室接菌鉴定，花早2号高抗燕麦坚黑穗病（接菌鉴定发病率为1%），耐黄矮病。

七、白燕1号

该品种是吉林省白城市农业科学院1999年7月从加拿大引入中加燕麦杂交F_4代材料，引入编号为Betty－1，杂交组合为Nol41－1/No58//Mengyan6，经系谱法选育而成。2003年通过吉林省农作物品种审定委员会审定（吉审麦2003004），中熟品种。出苗至成熟83天左右，在吉林省西部地区种植，与小麦熟期相仿，下茬可以进行复种。春性，幼苗直立，深绿色，分蘖力较强。株高103.2cm，茎秆较强。穗长13.4cm，侧散型穗，小穗串铃形，颖壳白色，主穗小穗数27.2个，主穗粒数73.6个，主穗粒重1.4g；籽粒短椭圆形，浅黄色，表面光洁、无绒毛，属于小粒型品种，千粒重142g，容重704.2g/L；经过测定，蛋白

质含量为18.17%，脂肪含量为5.31%；灌浆期全株蛋白质含量11.39%；粗纤维含量26.42%；收获后干秸秆蛋白质含量4.67%；粗纤维含量34.88%；田间鉴定未见病害发生；抗逆性强，根系发达，秆强抗倒伏。

2001年产量试验平均亩产244.2kg；2002年产量试验平均亩产264.7kg；2002年生产试验平均亩产为259.8kg。

一般在3月下旬至4月初播种；亩播种量6.7kg；每亩施种肥磷酸二铵6.7kg；结合3叶水，每亩追施尿素10kg；如果土壤墒情不好，要灌好保苗水，适时灌好3叶水、7叶水；及时防除杂草，适时收获。

适宜在吉林省西部具备水浇条件的中上等肥力的土壤种植，山西、河北、内蒙古等类似生态区域也可种植。

八、白燕8号

该品种系白城市农业科学院2000年从国外引入杂交组合经系谱法选育而成。2007年通过吉林省农作物品种审定委员会审定（吉登燕麦2007001）。

出苗到成熟74天左右。幼苗直立，叶片鲜绿色，叶片中等。株高104cm左右。粒黄色、长卵圆形，千粒重20.87g，容重613.6g/L。侧散型穗，长芒，颖壳黄色，穗长19cm左右，小穗着生密度适中，小穗数37个，穗粒数81粒，穗粒重1.47g。粗蛋白含量16.49%，粗脂肪含量8.57%，粗淀粉含量58.04%。

2004年产比试验平均每公顷产量2 382.7kg；2005年产鉴试验平均每公顷产量2 543.2kg；2006年生产试验平均每公顷产量2 357.6kg。

一般在3月下旬至4月初播种，每公顷保苗500万株左右，每公顷播种量约140kg，每公顷施种肥N、P、K复合肥（N、P、K含量各15%）300kg，结合3叶水，每公顷追施尿素50～75kg。若土壤墒情不好，需灌保苗水，3叶期、5叶期和抽穗期适时进行灌水。

适宜吉林省西部地区具备水浇条件中等以上肥力的土壤种植或类似生态区种植。

九、白燕10号

该品种系白城市农业科学院2000年从加拿大引入杂交组合为menyan4//Neon/No58－2－75－26的F_3代材料，引入编号为99VB－27，经系谱法选育而成。2008年通过吉林省农作物品种审定委员会审定（吉登燕麦2008002）。

出苗到成熟78天左右，需≥10℃积温1 500℃。叶片鲜绿色。株高101.4cm。侧散型穗，长芒，颖壳黄色，穗长18.1cm，小穗着生密度适中，小穗数34个，穗粒数71粒，穗粒重1.34g。种子长卵圆形，黄色，千粒重20.7g。粗蛋白质含量16.96%，粗脂肪含量9.13%，粗淀粉含量55.99%，容重621.4g/L。经田间鉴定，未发生病虫害。

2006年产量比较试验产量为2 518.5kg/hm^2；2007年生产试验产量为2 239.0kg/hm^2，比对照品种白燕8号增产6.2%。

3月下旬至4月初播种。保苗500万株/hm^2。每公顷施种肥N、P、K复合肥（N、P、K含量各15%）300kg，结合3叶水，公顷追施尿素75～100kg。若土壤墒情不好，需灌保苗水，3叶期、5叶期和抽穗期适时进行灌水。原种采用穗行繁殖法；原种繁殖中要拔除杂株，确保纯度，防止机械混杂等现象发生。

适宜吉林省西部地区具备水浇条件中等以上肥力的土壤种植或类似生态区种植。

十、晋燕9号

该品种系山西省农业科学院高寒区作物研究所1996年用皮燕麦“555”作母本、裸燕麦“69328”作父本配制杂交组合，经连续单株选择培育而成。2000年经山西省农作物品种审定委员会审定命名为“晋燕9号”。

该品种生育期88天。株高100cm。幼苗直立、深绿色，叶片短宽上冲，分蘖力较弱，茎秆粗壮，抗倒性强。周散型圆锥花序，穗长15～18cm，小穗数25个，主穗粒数60个，穗粒重16g，千粒重23g，籽粒卵圆形、白色。籽粒粗蛋白质含量21.22%，粗脂肪6.33%，赖氨酸0.65%。

在品比试验中，3年平均亩产223.7kg，比对照增产20.3%，在参试品种中排名第一位。1998—1999年在省区试验中，平均亩产127.5kg，比对照“晋燕七号”增产11.7%。

在晋北高寒区5月中旬播种，每667m^{2}播量10kg，亩保基本苗30万株。播前施有机肥，每667m^{2}2 000kg，N、P复合肥40kg。生育前期加强中耕除草，增温保墒。孕穗期结合降雨追施尿素每667m^{2}30kg，防止后期脱肥早衰。

适宜在高寒地区的旱坡地种植。

十一、晋燕13

该品种系山西省农业科学院右玉农业试验站用雁红10号与皮燕麦455杂交选育而成。2010年经山西省农作物品种审定委员会审定。

生育期105天左右，属中熟品种。生长整齐，生长势强。幼苗直立、绿色。株高126.5cm。周散型圆锥花序，穗长15～18cm，单株小穗数25个左右，穗粒数642粒，千粒重23.0g。

粗蛋白（干基）16.37%，粗脂肪（干基）7.17%。种皮黄色，长椭圆形硬粒。抗寒性较强，抗旱性较好，田间调查有点片倒伏现象，未发现黑穗病、红叶病等病虫害。

2008—2009 年参加山西省莜麦中熟区域试验，两年平均亩产 148.7kg，比对照平均增产 16.0%，试验点 7 个，增产点 7 个，增产点率 100%。其中，2008 年平均亩产 151.5kg，比对照“晋燕 8 号”增产 15.2%；2009 年平均亩产 145.8kg，比对照“晋燕 9 号”增产 17.0%。

夏莜麦区一般应在春分到清明前后，最迟不宜超过谷雨，秋莜麦区 5 月中下旬播种。亩播量 8 ~ 10kg，行距 20 ~ 25cm，亩留苗 15.5 万 ~ 16.8 万株。以农家肥为主，化肥为辅，基肥为主，追肥为辅，分期分层施肥。中耕除草两遍，遇干旱及时浇水。多雨年份要注意排水防涝，防止倒伏。蜡熟中后期，麦穗由绿变黄色，上中部籽粒变硬，表现出好粒正常的大小和色泽时进行收获。

适宜在山西省北部、河北、内蒙古等燕麦产区种植。

十二、晋燕 15

该品种系山西省农业科学院五寨农业试验站用杂种后代材料 925 - 1 - 8（73014 × 华北 2 号）作母本、皮燕麦原始材料健壮作父本进行人工有性杂交选育而成。2011 年通过山西省农作物品种审定委员会审定。

生育期 90 天，比对照品种“晋燕 8 号”早 3 天。根系发达，幼苗直立、深绿色，有效分蘖 1.3 个，生长势强。株高 95.5cm，叶姿上举，蜡质层中等厚度。主穗长 20.7cm，无芒，穗周散型，小穗串铃形，小穗数 34.8 个，轮层数 4 ~ 5 层。内稃白色、外稃浅黄色，主穗粒数 56 粒，主穗粒重 0.98g。籽粒椭圆形、黄色，千粒重24.5g。粗蛋白18.32%，粗脂肪5.21%，粗淀粉59.27%。抗旱性强，抗寒性强，抗燕麦坚黑穗病、秆锈病，轻感红叶病，抗倒性强。

2009—2010年参加山西省莜麦中熟区域试验，两年平均亩产144.2kg，比对照增产19.4%，试验点9个，全部增产。其中，2009年平均亩产157.1kg，比对照“晋燕9号”增产26.1%；2010年平均亩产131.2kg，比对照“晋燕8号”增产12.3%。

播期为5月30日前后，亩播量8～10kg，亩基本苗28万～30万株。适时中耕、除草，蚜虫为害严重的区域注意防治红叶病。进入蜡熟中后期，上中部籽粒变硬，籽粒大小和色泽正常时进行收获。

在山西、河北、内蒙古等莜麦主要产区的旱平地、旱坡地、沟湾地及一般水浇地均可种植。

十三、品燕1号

该品种系山西省农业科学院农作物品种资源研究所用“晋燕7号”与Marion杂交选育而成。2010年通过山西省农作物品种审定委员会审定。

生育期102天左右，中熟品种。生长整齐，生长势强。幼苗半匍匐、绿色。株高130.0cm。叶片适中、上披，分蘖力较强，成穗率高。周散型圆锥花序，穗长23cm左右，轮层数6.5层，主穗小穗数32个，穗粒数48.4粒，千粒重25.9g。粗蛋白（干基）18.70%，粗脂肪（干基）6.3^4%，籽粒长形，白色。抗旱性较好，耐瘠性较强，田间有轻度倒伏现象。

2008—2009年参加山西省莜麦中熟区区域试验，两年平均亩产151.8kg，比对照平均增产18.5%，试验点7个，增产点7

个，增产点率100%。其中，2008年平均亩产149.8kg，比对照晋燕8号增产13.9%；2009年平均亩产153.8kg，比对照“晋燕9号”增产23.4%。

一般播种期在5月中下旬，旱地合理密度30万株/亩，高肥力旱滩地40万株/亩。一般亩施农家肥1 500kg作基肥，硝酸铵10kg作种肥。在分蘖后期至拔节阶段，结合降雨亩追施尿素20kg。多雨年份注意防倒伏。播种前种籽用0.3%拌种双拌种防治黑穗病，在生长后期发现黏虫，可用速灭杀丁等农药进行防治，要尽可能消灭在3龄前。蜡熟中后期，麦穗由绿变黄色，上中部籽粒变硬，表现出籽粒正常的人小和色泽时进行收获。

在山西、河北、内蒙古等莜麦主要产区的旱平地、旱坡地、沟湾地及一般水浇地均可种植。

十四、品燕2号

该品种系山西省农业科学院农作物品种资源研究所用CAMS-6核不育材料作母本、裸燕麦品五作父本杂交，经系统选育而成。2012年通过山西省农作物品种审定委员会审定。

生育期95~100天，与对照“晋燕8号”相当。幼苗匍匐、浅绿色，有效分蘖率56.8%。株高104cm。茎秆节数7个，叶姿下披、蜡质层薄，短芒。穗长21cm，穗周散型，小穗纺锤形，小穗数36个，轮层数6层，穗粒数55粒。籽粒纺锤形、白色，千粒重25g，粗蛋白（干基）17.60%，粗脂肪（干基）5.87%。

2010—2011年参加山西省莜麦中熟区试验，两年平均亩产158.8kg，比对照“晋燕8号”（下同）增产15.5%，试验点11个，全部增产。其中，2010年平均亩产133.5kg，比对照增产

14.3%；2011 年平均亩产 184.1kg，比对照增产 16.5%。

亩施农肥 1 500kg 作基肥，硝酸铵 10kg 作种肥，播前种籽用 0.3% 拌种双拌种防治黑穗病，5 月中下旬播种，密度一般旱地每亩 30 万株，高肥力旱坡地每亩 40 万株，及时防治蚜虫，以防红叶病发生。

适宜在山西、河北、内蒙古等莜麦主要产区的旱平地、旱坡地、沟湾地及一般水浇地种植。

第三节　高产栽培技术

一、选地整地

（一）选择适宜土壤

莜麦具有较强大的根系，吸肥力强，在土壤 pH 值为 5 ~ 8 均能种植，适应范围较其他麦类宽，适宜在多种土壤条件下种植。若想燕麦取得高产，还是种植在有机质含量高、养分丰富、土壤结构疏松的土壤或比较好的湿润土壤或黏壤土为佳，忌干燥沙土栽培。应当选择富含有机腐殖质、pH 值在 5.5 ~ 6.5 的地块种植燕麦。如果进行无公害产品生产，首选通过有机认证及有机认证转换期的地块；次之选择经过 3 年以上（包括 3 年）休闲后允许复耕的地块或经批准的新开荒地块。以栗钙土、草甸土类壤土为好。选择土壤肥沃、有机质含量高、保肥蓄水能力强、通透性好、pH 值 6.5 ~ 7.5 的地块。有机农业生产田与未实施有机管理的土地（包括传统农业生产田）之间必须设宽不小于 8m 的缓冲带。

（二）精细整地

1. 深耕

（1）深耕的增产效应。实践证明，采取早耕、深耕，并配合耙、耱、压等保墒措施，对于苗全苗壮，提高莜麦产量具有重要作用。通过深耕破除了长期形成的犁底层，改善了土壤的物理性状，使原耕作层下的土壤容重变小，增大土壤孔隙度，改善了土壤中水、肥、气、热状况，提高了土壤肥力。据内蒙古农业科学院土壤肥料研究所试验，耕层由20cm增至33cm时，耕作层土壤容重减少0.2g/cm，孔隙度由38%增加到46%。由于土壤疏松，孔隙加多，松土层加厚，土壤透水性加强，可容纳的水量增多，提高了土壤水分的含量。同时，由于松土层加厚，削弱了土壤毛细管的上升作用，降低了水分蒸发的损失。同时，深耕后由于孔隙增加，改善了土壤通气性，为土壤微生物的活动提供了有利条件，加速了有机质的分解，有效地促进了土壤肥沃度的提高。此外，深耕对于提高土壤硝酸态N素的含量也有明显效果。由于深耕改善了土壤孔隙、容重、温度、水分、养分等条件，也促进了裸燕麦根系的良好发育，增强了根系摄取土壤水分、养分及抗御干旱的能力，从而提高了单位面积产量。据内蒙古农业科学院在凉城县调查，在耕深13～23cm，莜麦根系的分布深度、广度、根重和单位面积产量是随着耕翻深度的增加而增加的。耕深20cm比耕深13cm的产量提高29.0%，增产极为显著。

当然，过度深耕，将结构紧实、肥力很低且含有氧化亚铁等有害物质的心土耕层，会使上层土壤质量降低，影响莜麦的产量。据内蒙古农业科学院研究试验，不论哪种作物，均以耕深25cm产量最高。因此，深耕时要保持土层不乱，以免生土翻入表层，当年不能充分熟化，降低土壤肥力，引起出苗和幼苗生长不良，导致减产。目前的栽培条件下，耕地适宜深度以25cm左右为宜。坡地及浅位栗钙土的地块，土层不厚，耕深以15～18cm为宜；滩、水地或下湿地，以20～25cm为宜。

（2）深耕的方法。深耕的方法有机耕、套耕、锹翻等，但以机耕最好。因机具限制而不使机耕时，可采用步犁套耕。在耕地时间上，有伏耕、秋耕、春耕3种情况。有的地区也有把伏耕和秋耕结合起来进行浅伏耕、深秋耕。一般在临播前进行耕地。试验结果表明，伏耕、秋耕增产效果最好，春耕最差。据山西省五寨县调查，秋耕比春耕一般增产10%左右，秋耕20～25cm，比秋耕10～15cm增产9.9%～23.5%。

2. 整地与保墒

秋耕、深耕虽能提高土壤水分，但当年不能促进土壤水稳性团粒结构的形成。因此，保水、保墒必须依靠耙、耱、滚、压等整地保墒措施。耕后立即耙、耱或边耕边耙、耱。冬季镇压是北方莜麦产区长期行之有效的保墒措施。据研究，镇压时间以早春顶凌镇压保墒效果最好。

为了增加土壤水分，应结合秋耕深耕，进行秋、冬灌溉。一般以秋灌最好，可以提高土壤的持水量。如进行春季灌溉，时间不宜过晚，一般在土壤解冻时立即进行，灌溉过晚，将会影响适期播种。如春耕，则应耕后灌溉，而后及时耙耱整地。

3. 免耕

在干旱、半干旱地区，为了减少风蚀、水蚀导致土壤表层养分、水分的流失，“免耕法”得到了迅速发展。免耕法可增加土壤小的孔隙，改善土壤表层性质，保护表土不受雨滴淋溶，防止水土流失和风蚀。与传统的耕作法比较，免耕法的主要特点如下。

（1）以“生物耕作”代替了机械耕作（传统耕作）。即通过植物根系的穿插和土壤微生物的活动来改变和创造土壤结构和孔隙。在根系穿插过程中，积累有机质，并借助土壤微生物的帮助，可以形成水稳性团粒结构。

（2）要有残茬覆盖。在前作物收获时，将作物秸秆切为小段，均匀地铺在地面上。这些覆盖物对于土壤水分状况、物理状况、养分状况和有机质以及保护土壤等起着重要的作用。残茬覆盖是免耕法的重要环节。

（3）要与化学除草相结合。要求有高效、杀草范围较广、性能及残效期不同的各种除草剂相配合，才能有效地杀死各个时期发生的不同杂草。

（4）使用化肥。因为作物秸秆含 C 素多，含 N 素少，为了平衡土壤中的 C/N，一般要比传统耕作法多施 1/5 左右的 N 肥。

（5）使用特制的联合作业免耕播种机。可以一次完成灭茬、开沟、播种、施肥、施农药和除草剂、覆土、镇压等多种作业。

二、选用良种

因地制宜选用适宜品种可以发挥品种最大的生产潜力，为高产提供保证。品种选用的原则是，选择适于产地和播种季节的气候条件、土壤条件和其他生产条件，品种类型适宜、高产、优质、抗逆强的优良品种。

由于不同地区气温变化较大，气温随着海拔高度的升高而降低。不同燕麦品种对积温不同，因而不同地区对燕麦生育期的要求不同。海拔 2 400 ~ 3 000m 地区只能种植早熟莜麦品种，如引进的加拿大裸燕麦品种，生育期只比中熟品种晚 7 天左右；海拔 2 400m 以下地区适合种植中熟和中晚熟品种，如燕麦品 5 号等。

三、种植方式

（一）单作

单作也称为清种，具有便于管理和适于机械化作业的优点。

（二）间作

何春娥等（2006）研究结果表明，燕麦、小麦间作可改善小麦的 Mn 营养。燕麦可能通过根系分泌物来活化土壤难溶性的锰氧化物，从而促进了小麦的生长。

王旭等于 2007 年在低 N 条件下比较分析了 12 种燕麦与箭筈豌豆、不同间作与混播模式对饲草产量和品质的影响。研究结果表明，燕麦蜡熟期与箭筈豌豆枯黄期混合饲草产量和粗蛋白产量最高。所有处理中，燕麦与箭筈豌豆 3∶1 间作干物质产量和粗蛋白产量最高。其中，干物质产量在灌浆期比单播燕麦增产 47%，蜡熟期增产 40%；粗蛋白产量在灌浆期分别比单播燕麦和箭筈豌豆增产 52.6% 和 2.6%；在蜡熟期增产 97.2% 和 103.2%，均显著高于单播燕麦和单播箭筈豌豆（$P<0.05$）。同行混播各处理干物质产量均显著高于单播燕麦和单播箭筈豌豆（$P<0.05$）。

（三）套种

辽宁省台安县农业技术推广中心（2008）报道，莜麦在当地生育期为 90 天左右，下茬种植蔬菜，经济效益低。选用中晚熟的无籽西瓜与燕麦套种，可在温室或大棚育苗，燕麦开花时栽苗，可在 9 月中旬上市，这时正值早熟西瓜采摘期结束，市面上西瓜短缺，销售价格较高。燕麦套种无籽西瓜，两种作物有 30 天的共栖期，无籽西瓜定植时正是燕麦开花期，燕麦遮阳有利于无籽西瓜的缓苗，西瓜进入迅速生长期时燕麦已收获，因此，可取得较高的经济效益。

（四）混作

有试验表明，莜麦混作产量显著提高。李倩等（2008）以裸燕麦品种内农大莜1号为材料，对单作和混作种植模式下燕麦产量和生理指标进行了测定和分析。结果表明，混作燕麦的产量明显高于单作燕麦，且与苜蓿混作的产量最高，其经济产量为1 028.4kg/hm^2，干草产量为9 082.5kg/hm^2，分别是单作燕麦的2.09倍和1.69倍，与苜蓿混作燕麦 > 与披碱草混作燕麦 > 单作燕麦。生理生化指标测定表明，质膜透性、丙二醛、脯氨酸、叶绿素含量随生育时期的变化基本呈先升后降趋势；与苜蓿混作的燕麦质膜透性在整个生育期最低，丙二醛含量变化相对平缓，叶绿素含量相对较高。可见与苜蓿混作有利于提高燕麦的耐盐碱能力。

（五）复种和轮作

根据莜麦产区的不同自然条件、作物种类和各作物所占比重以及目前轮作中存“养地不够、用地过度、用养失调”的实际情况，以莜麦为主体，采用的主要轮作方式如下。

1. 秋莜麦区

这一地区的主要作物除莜麦外，主要有春小麦、马铃薯、胡麻、油菜和豆类。对于坡梁旱地，土壤墒情差，有机肥施用很少。因此，通过轮作倒茬调节土壤营养条件，为轮作周期各作物创造有利的生活条件，对于进一步发挥土壤的潜在力，获得丰产有重要意义。一般确定豌豆、马铃薯为养地作物，小麦为用养兼用作物，裸燕麦、胡麻、油菜为用地作物的轮作制是比较适宜的。主要轮作方式如下。

豌豆→燕麦→马铃薯＋豌→小麦→胡麻、油菜。

马铃薯+豌豆→小麦。裸燕麦→胡麻、油菜。

马铃薯→胡麻、油菜→豌豆→小麦、裸燕麦。

这些轮作方式既体现了小麦、莜麦是主要作物，又是经济价值较高作物（油料），还是粮草兼用和民食习惯的地区优势作物（裸燕麦、马铃薯）。就茬口的用地特性而言，马铃薯虽是用地作物，但更是养地作物。因为马铃薯系中耕作物，并能施用有机肥料，加之多次中耕，翌年杂草很少。由于马铃薯的生育期较长，收获时气温较低，影响土壤熟化，在马铃薯之后种植小麦（夏茬作物），这样可改变马铃薯茬口遗留下来的不利因素；莜麦和小麦对 N 素养分有良好的反应，因此，安排豆科作物为其前作。

在秋莜麦地区的坡梁旱地，还采用轮歇压青耕作制以恢复地力。实行粮草（绿肥）轮作。轮作方式如下。

绿肥→小麦→莜麦→胡麻、油菜。

绿肥→莜麦、小麦→马铃薯→胡麻、油菜。

对于土层厚、土质肥沃、地下水源丰富、地势平坦、适宜机械化作业的滩川水地，种植的作物有莜麦、春小麦、马铃薯、蚕豆以及胡麻、油菜和菜类。并种植莜麦为主，因而具有莜麦长期连作的习惯。但长期连作莜麦产量不高，因此，不提倡长期连作。可采用的轮作方式如下。

小麦→蚕豆→莜麦。

蚕豆→莜麦→小麦→马铃薯+胡麻+油菜。

2. 夏莜麦区

由于气温较高，无霜期较长，土质肥沃，为发展喜温作物（玉米，高粱，谷子等）提供了有利条件。但由于喜温作物产量高，需要水肥多，如连年栽培玉米等喜温秋茬作物，不但灌溉量，施肥量增加，同时由于耕地时间晚，土壤得不到充分熟化，影响了地力的恢复。为此，通过种植莜麦等麦类作物，并定期进行伏耕，可解决地力恢复的问题。

轮作方式：甜菜→小麦→玉米→莜麦。

轮作制：秋耕、春倒伏耕、秋倒秋耕。

养地方式：施基肥伏耕、种肥。

灭草环节：中耕密植、中耕。

四、播种

（一）种子处理

播前种子处理对于播种质量，全苗壮苗，以及最后获得高产有很大意义，因此，是栽培技术的重要环节。种子处理主要包括种子精选、晾种和药剂拌种 3 方面。

1. 选种

选种的目的是清除杂物，选出粒大饱满，整齐一致的种子。大而饱满的种子，所含养分多、活力强，发芽率高，播种后出苗快，生根多而迅速，幼苗健壮，苗期抗逆性好。

清选种子，要根据籽粒形成过程的特点，尽量选用穗子上中部小穗基部的大粒种子作为播种材料。莜麦种子清选的方法有风选、筛选、泥水（或盐水）选、机选和粒选等。一般先进行风选和筛选。风选可利用扇车、簸箕等工具，借助风力，把轻重不同的种子分开，除去混在种子里的稃壳、茎屑等杂物和秕粒，留下大而饱满的种子。筛选是利用筛孔适当的筛子筛除小粒、秕粒和杂物。同时通过筛子旋转，使重量较轻，不饱满种子和比较大的杂物聚积在优良种子的上面和中部，以便除去。种子清选机选种可以同时起到风选和筛选的作用，效果好，效率高。但利用清选机同时清选几个品种时，一定要注意选完一个品种以后要把机器清扫干净，以防品种之间的机械混杂。经过风选、筛选之后，最好再用泥水或盐水进一步筛选。泥水或盐水选，是把种子放在30%的泥水或20%的盐水中搅拌，绝大部分杂物和秕粒浮在水面时，即可先除去，然后把沉在水底的种子捞出，在清水内淘洗干净，晒干，留作播种。粒选可以提高品种纯度，保证种子质量，但比较费工。

2. 晒种

晒种可提高种子的发芽率和发芽势。种子经过晒种以后，可改善种皮的透气性和透水性，促进种子后熟，从而提高种子的生活力。晒种还可能杀死一部分种子表面附着的病菌，减轻某些病害的发生。在种子清选以后，选择晴朗的天气，把种子薄薄地铺在平坦而高燥的地方，在阳光下晒3~4天即可播种。

3. 拌种

为防治黑穗病（特别是坚黑穗病）而进行拌种。种子选、晒以后，用种子重量的0.15%~0.20%的拌种双或其他农药进行拌种。为确保防治效果，拌种时必须做到药量准确，拌种均匀。

（二）适期播种

科学研究和生产实践表明，莜麦的播种期对其最后的产量构成有很大影响。只有适期播种才能充分有效地利用自然条件中的有利因素，克服不利因素，并有利于发挥其他栽培技术措施的增产作用，从而获得高产。

适期播种应根据不同地区的具体生态条件和耕作栽培制度而确定。北方春燕麦区的华北、西北等主产区均为春播。通常从4月上旬开始播种，至5月中下旬，有时延至6月初结束；南方弱冬性燕麦区的云、贵、川地区，为减轻春旱的影响，通常在10月中下旬进行，但有时也进行春播，时间为3月下旬至4月上中旬。与其他谷类作物相比，莜麦对播种期的适应幅度较大。这一特性，对于适应莜麦产区的气候条件，并保证一定的产量具有重要意义。

各地区依据具体的环境条件的特点，都有其一定的适宜播种期。内蒙古阴山两侧、河北省的坝上、山西、陕西两省北部、甘肃省东南部和宁夏回族自治区（全书简称宁夏）南部等秋莜麦地区的丘陵山区，气候冷凉、春季干旱，7～8月雨水集中，占全年降水量的60%左右，光热条件比较好。这些地区的莜麦多为旱作。滩川地田间杂草比较严重。适时迟播，可以更好地利用夏季雨水和光热资源。因此，在保证正常成熟的前提下，种植早熟、中早熟类型品种，播种期可适当推迟，可在5月中旬前后播种。据河北省察北牧场试验结果，5月中下旬播种则拔节、孕穗、抽穗、灌浆、乳熟等主要需水阶段与雨季吻合，因而减轻了夏季干旱的为害，莜麦主要经济性状得到了良好的发育，并对提高功能叶片的光合强度，增加每穗粒数和粒重具有重要作用。相反，4月下旬和5月上旬播种，因播种过早，出苗至孕穗长达50天左右，处于干旱缺雨时期，因而产量构成的因素变劣。

中国莜麦产区农村畜牧业比重较大，饲草需要且多，主要依靠莜麦提供。适时晚播，由于气候条件（温度、湿度）和土壤养分状况适宜莜麦营养生长，牧草产草量高。

但是，晚播必须适当，播期过晚经济性状变劣，无效分蘖增多，以致成熟时由于早霜、大风为害，招致减产。据吴娜等（2008）报道，随播期推后，裸燕麦的分蘖力逐渐减弱，株高降低，干草产量亦随之下降。随着播期推迟，裸燕麦整个生育期也必然后延，灌浆期相应缩短，花后干物质对籽粒的贡献率越来越低。穗粒数和公顷穗数显著减少，籽粒产量呈下降趋势。气候因子中，日照时数对籽粒产量影响最大，积温次之；在其他因子不变的情况下，积温每增加1℃，籽粒产量增加1.517kg/hm^2；日照时数每增加1h，籽粒产量增加4.176kg/hm^2；而降水量每增加1mm，籽粒产量减少1.629kg/hm^2。吉林白城地区裸燕麦播期最好选择在4月上旬。

（三）种植密度

莜麦的合理密度是以不影响生产条件及栽培条件下，适宜的播种量能保持一定数量的壮苗为标准的。要求达到以籽保苗，以苗保蘖，提高分蘖成穗率，增加单位面积穗数，协调群体与个体之间的关系，增株，增穗，达到粒多粒大的目的。

据内蒙古农业科学院试验，行距15cm，每亩播种量分别为7.5kg、10kg、12.5kg，亩产随播种量增加而增加。以播量12.5kg/亩产量最高，比播量7.5kg/亩、10kg/亩分别增产18.2%和8.7%；行距25cm，每亩播种量10kg，比播种量7.5kg增产15.5%。内蒙古农牧学院试验结果表明，播量40万~70万粒/亩，基本苗数和每亩产量随播量增加而增加。亩苗数的幅度为36.6万~68.4万株/亩，产量幅度为169.6~209.3kg/亩，增产23.4%~6.4%。大量试验表明，在一定范围内，播种量大，保苗密度也大，产量也随之增加。但是当播种量增加到一定限度以后，产量增加的幅度很小或不再增加，播量过大，产量反而下降。

内蒙古农业科学院、内蒙古农牧学院等单位的研究表明，不同密度与株高之间的关系显示下两个趋势：苗期，密度越大植株越高，基部节间越长，茎粗越细，密度小而茎秆富有弹力生长健壮；生育后期则情况相反，密度小的植株高，原来苗期密度大，植株较高的反而变低。形成以上趋势的原因是苗期密度大的株间郁闭，通风透光不良，湿度过大，争光剧烈，导致徒长，后期植株叶片随着茎节伸长，分布较稀，此时部分分蘖及基部部分叶片逐渐枯死，徒长也随之减弱，因而大大降低了单位面积光合生产率，故生长速度慢。而密度小的因植株营养面积大，通风透光条件较好，生长一直旺盛，后期生长相对较快。

根据确定适宜密度的基本原则，考虑干旱、风沙、害虫、杂草、耕作粗放的影响，致使出苗率普遍降低等因素，莜麦栽培密度（以亩播种量表示）的适宜范围是：亩产100～125kg的中等肥力的水、旱地，亩播种量以30万～35万粒（9～10kg），保穗30万个左右为宜；亩产159～175kg，肥力基础较高的水地及无灌溉条件的下湿地，每亩播种量以40万～45万粒（10～11kg），保穗32万～35万个为宜。当肥力条件很高，亩产200kg以上时，其播种量不宜再有所增加，还可适当减少，对穗部经济性状的发育有利，个体发育健壮和群体发育良好，可收到增产效果。

（四）播种方式

采用适当的播种方法，对苗全、苗匀、苗壮以至获得丰产也很重要。随着单位面积播种量的增加，中国莜麦产区在播种方法上已改变了宽行稀播的习惯，而普通采用了窄行条插和窄行宽幅条播的方法。对于充分利用地力，提高北方裸燕麦产区良好的光能资源的利用率，达到匀播密植，合理密植之目的，从而获得丰产。最好采用机械播种或人工开沟条播，不宜撒播，因撒播大部分种子播在干土层上，严重影响出苗。条播出苗率高，采用行距20cm、播深5～6cm为宜，太浅因土壤水分蒸发量不利于种子吸水发芽，太深影响出苗率。播种后覆土要严，镇压1次。机械播种出苗匀，密度易于掌握，因为燕麦茎秆脆弱，密度太大易倒伏会严重影响产量。土壤墒情适宜时播种量为150～187.5kg/hm^2，土壤墒情较差时播种量可加大到225kg/hm^2，保苗为375万～450万株/hm^2。

五、田间管理

（一）按生育阶段管理

田间管理的任务就是根据莜麦生长特性及其在不同的生育阶段对环境条件的不同要求和外部形态的表现，及时采用相应的技术措施，使之能够向有利于丰产方向发展。

苗期田间管理的主要任务是在保证全苗的基础上，防草害，促根系育壮苗。中期田间管理的主要任务是在促蘖增穗的基础上，促进壮秆和大穗的形成。后期田间管理的主要任务是养根保叶，延长上部叶片的功能期，防止旱、涝、病虫草等为害，达到穗大、粒重的目的。

（二）定苗

当幼苗长到3～4个叶片时，结合中耕，及时间苗与定苗。间苗与定苗要根据苗情，排除病弱苗，选留健壮苗，充分发挥良种的增产作用。

（三）中耕

中耕除草要根据莜麦的生育过程，掌握由浅到深、“除早除小除了”的原则。当幼苗到3～4个叶片时，进行第一次中耕，对于消灭弱草，破除板结，提高地温，减轻杂草为害，促进幼苗生长有重要作用。此次中耕，因幼苗较小，深度宜浅，以3～6cm为宜。对于连作时间长，杂草多的地块，中耕时间还应适当提前；第二次中耕在分蘖后至拔节前进行。此时气温较高，中耕利于灭草、松土、减少土壤水分的蒸发；第三次中耕应在拔节后至封垄前，进行深中耕，既可减轻地表蒸发，又可借中耕适当培土，起到壮秆防倒的作用。中耕次数可根据具体情况而定。对于旱地莜麦，中耕具有非常重要的作用。因为旱地莜麦前期生长较慢，单位面积株数较少，田间郁闭程度低，抑制杂草生长力能力差，正值旱季。及时中耕不仅能够切断毛细管，减少下层土壤水分蒸发，而且锄净垄背杂草，也能减少大量的水分和养分的消耗。锄地可使表土疏松，减少地表径流，更多地接纳雨水，提高雨水的利用效率。

（四）科学施肥

1. 莜麦需肥规律

大量试验证明，莜麦是喜 N 的作物。生长前期需 N 量较少，分蘖到抽穗期需 N 量大增，此期宜增加 N 素供应。抽穗后减少 N 素，以防贪青晚熟。P 在生育前期可促进根系发育，增加分蘖数，后期能促进籽粒灌浆。土壤中速效 P 含量低于 15mg/L 时，施用 P 肥的效果明显。K 能促进茎秆健壮，提高抗倒伏能力。

据内蒙古农业科学院研究，在土壤肥力较高的滩、水地生产条件下，莜麦产量为 200～250kg/亩，需要吸收 N 素 8～9kg，$P_2O_5$3.5～4.0kg，即每生产 50kg 籽粒需要吸收 N 素 1.8～2.0kg，$P_2O_5$0.8～0.9kg。在肥力较低的坡、梁旱地，产量为 50～75kg/亩，要吸收 N 素 2.0～2.5kg，P_2O_5 1.0～1.25kg。即每生产 50kg 籽粒需要吸收 N 素 1.6～2.0kg，P_2O_5 1kg 左右。

自分蘖至成穗，对 N 素和 P 素的吸收量是随着生育进程而逐渐增加的。莜麦产区土壤的基础养分状况通常是缺 N、少 P、K 充足，有机质含量较低。因此，单靠土壤供给远不能满足燕麦需要，必须根据不同生育时期的需要，施肥加以补充。

2. 施用时期和方法

施用有机肥料作为基肥，不仅因其养分完全，而且能够不断分解出各种营养元素，长时间内不断供给作物生长发育的需要。因此，施足基肥是获得莜麦高产的重要环节。施足基肥首先可以满足莜麦生长初期所需要的养分，对于促使初生根和次生根系的良好生长和分蘖成穗具有重要作用。施用基肥必须与耕作、灌溉等其他措施配合，注意基肥的施用时间、数量和质量等具体问题，更好地发挥基肥的增产效果。

在莜麦产区，由于气候冷凉，土壤干旱，耕层浅，结构不良，因而春季土壤微生物活力减弱，土壤养分矿化过程缓慢，速效养分含量低，不能满足裸燕麦苗期生长发育对主要养分的需要，苗期缺肥症状极为普遍。当土壤基础养分较低，基肥用量不足时，通过施用种肥加以补给十分必要。特别是在基肥用肥不多或不施基肥的情况下，施用种肥就更为重要。主要肥料有磷酸二铵，氮磷二元复合肥，碳酸氧铵和过磷酸钙，施肥方法主要采用播种沟集中条施，即随机播或犁播，种子肥料同时播下。

据内蒙古农业科学院的试验，适时追肥是高产的必要措施。在莜麦 4 叶期，结合浇水每亩追尿素 5 ~ 7. 5kg，或追 N、P 复合肥料每亩 10kg，以供给幼穗分化阶段对养分的需要，并且此追肥对于促进根系发育、提高有效分蘖率、增加每穗小穗数、获得大穗十分重要。如果在施用种肥的基础上，4 叶期再加追肥，则增产效果极为明显。

据试验资料，在每亩施用 5kg 种肥的基础上，4 叶期再施尿素或三料过磷酸钙有显著的增产效果，比对照（不施肥）分别增产 38. 4% 和 35. 4%，比单施种肥分别增产 28. 5% 和 9. 1%；

尿素作追肥比作种肥施用增产显著，两者相差 19.98%；三料过磷酸钙作种肥比作追肥施用效果要好，增产 18.64%；尿素作追肥比三料过磷酸钙作追肥施用增产 23.5%。

3. 肥料种类的增产效果

N 肥的施用可显著改善莜麦的产量与生理指标。焦瑞枣等（2004）通过不同施 N 水平对裸燕麦内农大莜 1 号产量和品质影响的试验研究，结果表明，适当增加施 N 量可显著提高裸燕麦籽粒产量。施 N 量与产量之间呈二次曲线关系。籽粒蛋白质含量随施 N 量的增加呈逐渐增加趋势，粗脂肪含量则随施 N 量的增加而呈二次曲线变化，籽粒产量与各品质性状之间均呈正相关关系。秸草产量与蛋白质含量之间呈正相关关系，与粗脂肪含量之间存在负相关关系。对于裸燕麦内农大莜 1 号产量和品质均较佳时的适宜施 N 量为 50kg/hm^2。

乔永明等（2007）通过田间根袋实验，研究了 N 肥对旱地莜麦根系生长的影响。结果表明，在冀西北坝上高原自然降水条件下，播种时底施一定量 N 肥（37.5kg/hm^{2}尿素）可以显著增加全生育期莜麦的次生根条数；莜麦生育后期根重随底施 N 肥量的增加而增加；在底施 75kg/hm^{2}磷酸二铵的基础上，追施不同量 N 肥对莜麦根系生长均有明显促进作用，可以显著提高各层次根重和 40cm 以下根系所占比例，土壤深层水分得以利用，使根系发育与产量增长呈一致变化。黄桂莲等（2012）试验结果则表明，在中等或中上等肥力的旱地田块，N 肥作种肥施用宜少不宜多，尤其在干旱情况下，过量施用 N 肥容易烧伤种子，降低其出苗率。裸燕麦用磷酸二铵、尿素作种肥，适当增施，且以 N 肥 150kg/hm^2，P 肥 300kg/hm^2，或 N 肥 150kg/hm^2，P 肥 150kg/hm^2 施肥量为宜，增产特别显著。周青平等（2008）还以裸燕麦青永久 887 为材料，研究了施 N 和施 P 对籽粒产量与β-葡聚糖含量的影响。分析了N、P肥对裸燕麦籽粒产量构成因素穗数、穗粒数、穗粒重、千粒重的影响。结果表明，裸燕麦穗数、穗粒数、穗粒重、千粒重及籽粒产量，随施N量的增加呈先增后降的变化趋势，随施P量的增加而增加。β-葡聚糖含量随施N或施P量的增加而增加。在90kg/hm^2、P_2O_5 90kg/hm^{2}处理下，裸燕麦穗数、穗粒数、穗粒重、千粒重、籽粒产量均达最高值。在N 135kg/hm^2、P_2O_5 90kg/hm^{2}处理下，裸燕麦籽粒β-葡聚糖含量最高。

席琳乔等（2007）研究了固氮菌对兰州地区燕麦不同生育时期的作用。结果表明，假单胞菌属 *Pseudomona* ssp. N4，动胶杆菌属 *Zoogloea* sp. W6，生脂固氮螺菌 *Zospirillus lipoferum* C6，固氮菌属 *Azotobacter* sp. 05 和 *Azotobacter* sp. w5 对燕麦有促生作用。拔节期接种固氮菌后燕麦株高增加0.73%～12.11%，叶绿素增加1.14%～39.43%，地上植物量增加21.45%～43.55%，地下植物量增加51.85%～130.86%，根冠比增加7.7%～76.9%，总植物量增加2.00%～45.36%，粗蛋白增加3.02%～25.57%；半量化肥+固氮菌处理的株高增加1.96%～5.82%，叶绿素和地上植物量没有增加，地下植物量增加3.47%～33.17%，根冠比增加15.38%～30.76%。此外，N素形态对莜麦的生长也有很大影响。孙亚卿等（2004）采用溶液培养法，研究了NH_4^+－N或NO_3^-N两种不同形态N素对燕麦营养生长、N代谢的影响。结果表明：在NH_4^+－N或NO_3^-－N两种形态N素同时存在的营养介质中，燕麦生长明显优于单一供应NH_4^+－N或NO_3^-－N处理，且植株生长量特别是根系生长量随着NO_3^-－N在N源中比例的提高而增加。

近年来微量元素对莜麦生育的影响也引起重视。郭孝等

（2013）通过播前基施的措施，研究 Se（硒）肥对裸燕麦果实和饲草中的营养价值的影响。结果表明，适当基施 Se 肥对裸燕麦青干草和秸秆中的营养成分影响不显著，其中，合理的基施量为 570 ~ 765g/hm^2，超过这个范围会显著地影响到裸燕麦青干草和秸秆中营养物质的含量，而且随着施 Se 量的增加，青干草和秸秆中粗蛋白质和无氮浸出物含量呈下降趋势，而粗灰分、粗脂肪和粗纤维的含量呈上升趋势。当基施量达 954g/hm^2 的情况下，青干草中粗蛋白质含量降低 7.34%、粗纤维和粗灰分含量分别提高 5.65% 和 5.80%，秸秆中粗蛋白质含量降低 7.16%、粗灰分和粗脂肪含量分别提高 5.74% 和 5.32%，而且 Se 肥的影响同时具有累加效应和饱和效应。

（五）合理节水补灌

莜麦是需要水分较多的作物。根据莜麦的蒸腾系数（559 ~ 622），如果按每亩籽实产量为生物产量的 1/3 计算，则亩产释粒 200kg 的高产田，每亩需水 335 ~ 373m^3，相当于降水量 500 ~ 560mm。即天然降水 500 ~ 560mm 全部用来供给莜麦消耗，才能获得亩 200kg 的产量。而北方莜麦产区的年降水大致为 300 ~ 450mm，蒸发量是降水量的 4 ~ 5 倍。南方莜麦产区的降水量稍多，4 ~ 7 月为 450 ~ 550mm，春旱重。因此，南北方，都需要在莜麦生育期间适时浇水。莜麦不仅需要水分较多，而且对于水分的反应亦较敏感，故生育期间灌溉，必须按照裸燕麦的需水规律，根据不同时期的降水多少，莜麦生长情况灵活进行。浇水要与追肥密切配合，总的原则是有促有控，促控结合。

1. 早浇头水

在一般的水肥条件下，莜麦第三片叶停止生长时开始分蘖，同时生长次生根，主穗顶部小穗开始分化。因此，首次浇水应在3～4片叶时进行。第一次浇水的时间早晚，对产量影响也较大。据内蒙古和林县农科所试验结果，3～4片叶浇头水，比第五叶时浇头水，穗粒增加2～2.5粒，增产7.8%～15.1%。早浇头水与早播密切配合。早播种的莜麦，3～4叶期气温低，浇后地上部分营养生长不致过旺。第一次浇水时因幼苗较小，要浅浇，慢浇，在杂草较多时，浇前要锄草一次，浇后要及时松土。

2. 晚浇拔节水

拔节期是莜麦营养生长和生殖生长的旺盛时期。莜麦自拔节开始，主穗进入小花分化阶段，至孕穗期，基部轮生层小穗分化完毕。由于经历时间较长，故需要水分养分也多。这一时期不仅是决定穗粒数多少的关键时期，也是采取有效措施防止或减轻后期倒伏的关键期。如果浇水得当，则可争取穗大穗多、粒多而获得高产；反之，如浇水过早，N素料施用过量，反致群体迅速增大，个体基部郁蔽，通风透光不良，群体与个体之间的矛盾加剧，花梢数量增加，导致后期倒伏。

拔节期浇水以控为主，促控结合。既要供给通过的水分，养分，又要控制第一、第二节间徒长，防止倒伏。具体做法是，拔节水控在第一节间已经停止伸长，或延至第二节间生长高峰已过时再浇。要根据气候、土壤和作物长相灵活掌握，要控制适当，控二水不能过头。控水期间要中耕一次，深度3cm左右，既可灭草，减轻地面蒸发，又可培育壮秆防倒。

3. 浇好灌浆水

莜麦抽穗、灌浆阶段，是光合产物输送到籽粒最多的时期，此时气温高，植株耗水量大，对水分的要求更为迫切。尤其灌浆至乳熟期间，如果水分供应不足，功能叶片的光合强度显著下降，夜间呼吸作用加强，就会影响有机养分向籽粒的输送和积累。所以，要及时浇好扬花灌浆水。此次浇水尚可增加空气湿度，减轻高温逼熟的为害程度。但后期浇水要注意天气变化，避免灌后遇到风、雨引起倒伏。如果发现 N 肥用量过大时，则要适当控制浇水，防止贪青倒伏造成损失。

第四节　适时收获与储藏

一、成熟和收获标准

燕麦的收获要求时间性很强，一旦成熟，就应及时收获。不可延误，否则籽粒脱落，影响收成。籽粒用燕麦收获期通常以主枝或主穗的籽粒达到完熟，分蘖或枝端的籽粒蜡熟为宜。莜麦穗上下部位的籽粒成熟期不一致，当麦穗中上部籽粒进入蜡熟末期时，应及时收获。蜡熟末期的表现是，燕麦茎秆有韧性，而且不易折断，用手指甲掐麦粒，麦粒应不易碎。此时应及时收获。

二、收获时期和方法

莜麦收获通常应在 9 月上旬进行。收获可人工收获。人工收获时，应将莜麦的地上部分用镰刀全部采收，进行连株收获。

第六章　荞　麦

第一节　概　述

荞麦属双子叶植物纲，石竹目，寥科，养麦属。

栽培荞麦有4个种，即甜荞、苦荞、翅荞和米荞。但生产上的主要栽培种是：甜荞麦和苦荞麦。苦荞麦俗称苦荞，也称鞑靼荞麦；甜荞麦，别名甜荞、花荞、乌麦、三角麦等。荞麦生育期短，是传统的“救灾补种”作物。

世界上荞麦的主要生产国有前苏联、中国、美国、加拿大和法国。我国是荞麦生产大国，居世界第二位，年平均播种面积为100万 hm^2，平均总产量100万 t。其中，甜荞产区包括内蒙古、陕西、甘肃、宁夏、山西等；我国苦荞种植面积和产量居世界第一，主产区是云南、贵州和四川等省，山西、陕西、湖南、重庆、湖北等地也有种植。由于自然条件、耕作制度的差异，我国荞麦栽培生态区可划分为四个大区，即北方春荞麦区、北方夏荞麦区、南方秋冬荞麦区和西南高原春秋荞麦区。

第二节　主要优良品种介绍

一、晋荞麦（苦）6号

该品种系山西省农业科学院高寒区作物研究所选育，2011年通过山西省农作物品种审定委员会审定。生育期93.7天，株高103.6cm，主茎19.8节，一级分枝6.9个。花色黄绿色，绿茎绿叶。株型紧凑。单株粒重54.4g，株粒数201.6粒，籽粒灰黑色，长形，千粒重18.7g。抗病，抗倒伏，耐旱，适应性强。70%的籽粒成熟即可收获，山西省大同市、朔州市、晋中市、长治市各县荞麦产区均可种植。

二、九江苦荞

该品种系江西省吉安市农科所1981年选育。生育期80天，株高108.5cm，株型紧凑，一级分枝5.2个，主茎茎数16.6个，幼茎绿色，叶基部有明显的花青素斑点，花小、黄绿色、无香味、自花授粉，籽粒褐色，果皮粗糙，棱呈波状，中央有深色凹陷，单株粒重4.26g，千粒重20.15g，抗倒伏，抗旱耐瘠，落粒轻，适宜性广。蛋白质含量10.5%，粗淀粉含量69.83%，赖氨酸含量0.696%。适宜水肥条件较好的地区种植。播种量3.5kg/亩，基本苗7万株/亩。田间管理：防旱防渍，籽粒成熟70%时及时收获，施好氮、磷、钾肥。

三、西荞一号

该品种系四川省西昌农业高等专科学校从地方品种额洛乌旦中选育而成。生育期75～80天，株高90～105cm，粒黑色，桃形，千粒重 19 ~20.5g。1997 年通过四川省农作物品种审定委员会审定，2000 年通过全国农作物审定委员会审定。

四、川荞一号

该品种系四川省凉山彝族自治州昭觉农业科学研究所选育。全生育期 78 天左右。株高为 90cm 左右，幼苗绿色，成熟变为紫红色，株型紧凑，结籽集中尖部，花序柄较低，有效花序多，分枝部位低，籽粒长锥形，黑色，千粒重 20 ~21g，单株重 1.8g，皮壳率 30%，抗旱性强，较抗倒伏，抗荞麦褐斑病，适应性广，落粒轻，属早熟品种。1995 年通过四川省农作物品种审定委员会审定，2000 年通过全国农作物审定委员会审定。在中上等肥力土壤，每亩可产 125 ~170kg，在肥力较好的土壤每亩产 160 ~190kg，最高每亩可产 200kg 以上。适宜种植地区，春季一般适宜于海拔 2 000 ~2 700m 高原山区种植；夏季适宜在甘肃等中部海拔 1 900 ~2 500m、降水量偏少的干旱、半干旱地区种植；秋季适宜在 1 500 ~1 200m 的低海拔地区种植。

栽培要点　①播种期：种春荞在四月上中旬；夏荞在五月下旬至六月上旬；秋荞在七月下旬至八月上旬播种较为适宜。②播种量：种植密度为每亩 4 ~5kg，留苗 10 万 ~13 万株较为适宜。③施肥量：施肥量为每亩施农家肥 4 000 ~5 000kg、磷肥 30kg 作底肥，正常情况下，施氮肥每亩 5kg，也可施氮、磷、钾复合肥。田间管理要除草 1 次，注意防治二纹柱萤叶甲、荞麦勾翅蛾，开花结实时排水防涝，同时在田间去杂去劣，当田间植株 80% 籽粒呈现本品种正常成熟色泽（黑色）时及时收获。

五、榆 6 -21

该品种系陕西省榆林市农科所从地方品种定边黑苦荞中株

系选育而成。生育期 80 天左右，株高 90cm，绿茎绿叶，粒黑色，长形，千粒重 22g。1997 年通过青海农作物品种审定委员会审定。

六、凤凰苦荞

该品种系湖南省湘西荞麦协作组从地方品种凤凰苦荞中株系选育而成。生育期 85 ~ 90 天，株高 100cm，粒灰色，千粒重 22g。2001 年通过全国农作物品种审定委员会审定。

七、晋荞 2 号

该品种系山西省农业科学院小杂粮研究室 1991 年用^{60}Co辐射五台苦荞，从变异株 9279 – 21 中选育而成。生育期 85 ~ 90 天左右，株高 100 ~ 125cm，绿叶绿秆，粒深褐色，桃形，千粒重 18.5g。2003 年通过山西省农作物品种审定委员会审定。

八、威黑荞 1 号

该品种系贵州省威宁县农业科学研究所 1991 年用^{60}Co辐射黑苦荞，从变异株中选育而成。生育期 80 ~ 90 天左右，株高 72 ~ 125cm，茎叶浓绿，粒黑色，桃形，千粒重 22g 左右，耐瘠，不易落粒。2002 年通过贵州省农作物品种审定委员会审定。

九、茶色黎麻道

该品种系内蒙古农业科学院用河北省丰宁县地方品种黎麻道中用网罩隔离和混合选择而成。生育期 75 天左右，株高 75 ~ 80cm，白花，粒褐色，薄壳，千粒重 30g 左右。1987 年通过内蒙古农作物品种审定委员会审定。

十、榆荞1号

该品种系陕西省榆林地区农业学校用秋水仙碱诱变靖边甜荞混系繁殖而成的四倍体品种。生育期90天左右，株高90～95cm，茎粗，叶大，粉红花，粒灰褐色，厚皮，千粒重50g左右。1989年通过陕西省农作物品种审定委员会榆林地区品种审定小组审定。

十一、榆荞2号

该品种系陕西省榆林地区农业科学研究所从地方品种榆林荞麦中单株混合选择而成。生育期85天左右，株高80～90cm，红秆，粉红花，粒棕灰色，千粒重32g左右。1989年通过陕西省农作物品种审定委员会榆林地区品种审定小组审定。

十二、榆荞3号

该品种系陕西省榆林地区农业学校于1994年选育而成。生育期为80天，株高90～110cm，植株茎秆坚硬，节间距离短，主茎与分枝顶端花絮多而密集，花朵为白色，成熟后植株下部为红色，中上部为黄绿色，籽粒为淡棕色，棱角明显，呈三棱形。粒大饱满，千粒重34g，中熟品种，株型紧凑，分枝习性弱，结实率高，抗倒伏性、抗落粒性强。蛋白质含量10.21%，脂肪含量1.95%，淀粉含量68.7%。一般亩产80～150kg。中上等地力亩播种量2.5kg，中等以下地力亩播种量3kg。秋季耕翻地可预防荞麦勾翅蛾为害。

十三、甜荞麦92－1

该品种系甘肃省定西地区旱农中心荞麦育种组引进。生育期70～75天，株高65～80cm，叶片绿色，桃形，白花，有限花序，一级分枝4.4～8.4个，二级分枝2.4个，株型松散，高产、抗旱、抗腐，单株粒重2.86g，千粒重30～40g，籽粒黑褐色，三棱形，皮壳率为20%左右。产量一般为150kg/亩。播种量为3～4kg/亩，保苗8万～9万株/亩。施肥量：农家肥3 000kg/亩，纯氮3kg/亩，五氧化二磷2.5kg/亩。田间管理：豌豆、扁豆茬最好，马铃薯茬也可以，忌重施肥；播深度为3～5cm，除草1～2次，诱杀害鼠。到80%籽粒出现固有色泽时及时收获。

十四、库伦大三棱荞麦

该品种系内蒙古库伦旗培育而成。皮黑灰色，粒大，三棱形，千粒重为32g，植株高一般为90～100cm，抗逆性强，适应种植在沙壤土地上，主茎粗，分枝少，适合密植，无倒伏。一般每株3～4个分枝，分枝较高，一般距地面25cm左右，便于收割。穗状花序，花白色，每株接穗30穗左右，每穗结5～10粒，顶穗结粒60～70粒。出米率达55%～60%。平均产量可达150kg以上，最高亩产240kg。

栽培要点　①播种期：库伦荞麦大三棱生育期短，为60天，六月下旬至七月上旬均可播种，早种早收。②播种量：条播垄距40cm，亩播量4kg，亩保苗11万株。进入开花期，要进行也锄草，结合翻地每亩追硝酸铵10kg或尿素7.5kg。2～3片真叶时要防治蚜虫，用氧化乐果1 500倍液进行防治。当籽粒由白色变成茶色、85%以上的籽粒变成黑色后及时收割。

十五、晋荞1号

该品种系山西省农业科学院小杂粮研究室选育。生育期80天左右，株高70～80cm，白花，粒褐色，千粒重29g左右。

十六、吉荞1号

该品种系吉林农业大学选育。生育期80天左右，株高75～80cm，白花，粒深褐色，千粒重28g左右。

第三节　高产栽培技术

冀北地区有种植荞麦的历史，一般是农家品种零星种植，或以救荒作物形式存在。近年来张家口市农业科学院引进并试种了大量荞麦品种，生长表现良好，比本地品种单产大幅提高。要想实现荞麦高产，应做到六个改变：改赖茬赖地为好茬好地；改粗放耕作为精耕细作；改撒播为条播合理密植；改不施肥为科学施肥；改农家品种为优良品种；改只种不管为精细管理。

一、甜荞高产栽培技术

（1）选种。选用优良品种是投资少、收效快、提高产量的首选措施，主栽品种选用经提纯复壮的地方品种和新育成品种。在坝下区域选择抗逆性强、丰产性能好的中熟及中晚熟品种，能获得较高的产量；在坝上区域宜选用耐寒、耐瘠、早中熟高产的品种。

（2）选茬整地。①选茬：荞麦对土壤的适应性较强，只要气候适宜，任何土壤，包括不适合于其他禾谷类作物生长的瘠薄地、新垦地均可种植，但有机质丰富、结构良好、养分充足、保水力强、通气性好的土壤能增加荞麦的产量和品质。荞麦根系发育要求土壤有良好的结构、一定的空隙度，以利于水分、养分和空气的贮存及微生物的繁殖。重黏土或黏土，结构紧密，通气性差，排水不良，遇雨或灌溉时土壤微粒急剧膨胀，水分不能下渗，气体不能交换，一旦水分蒸发，土壤又迅速干涸，易板结形成坚硬的表层，不利于荞麦出苗和根系发育；沙质土壤结构松散，保肥、保水能力差，养分含量低，也不利于荞麦生育；壤土有较强的保水保肥能力，排水良好，含磷、钾较高，适宜荞麦的生长，增产潜力较大。荞麦对酸性土壤有较强的忍耐力，碱性较强的土壤，荞麦生长受到抑制，经改良后方可种植。

轮作制度是农作制度的重要组成部分。轮作，也称换茬，是指同一地块上于一定年限内按一定顺序轮换种植不同种作物，以调节土壤肥力，防除病虫草害，实现作物高产稳产，“倒茬如上粪”说明了轮作的意义。连作导致作物产量和品质下降，更不利于土地的合理利用。荞麦对茬口选择不严格，无论在什么茬口上都可以生长，但忌连作。为获高产，在轮作中最好选择好茬口，比较好的茬口是豆类、马铃薯，一般安排在玉米、小麦、菜地茬口。

②整地：甜荞根系发育弱，子叶大，顶土能力差，不易出土全苗，要求精细整地。整地质量差，易造成缺苗断垄、影响产量，抓好耕作整地这一环节是保证荞麦全苗的主要措施。前作收获后，应及时浅耕灭茬，然后深耕。如果时间允许，深耕最好在地中的杂草出土后进行。

深耕是我国各地荞麦丰产栽培的一条重要经验和措施。深耕能熟化土壤，加厚熟土层，同时改善土壤中的水、肥、气、热状况，使甜荞根系活动范围扩大，吸收土壤中更多的水分和养分，提高土壤肥力，既有利于蓄水保墒和防止土壤水分蒸发，又有利于荞麦发芽、出苗和生长发育，同时可减轻病虫草对荞麦的危害。深耕改土效果明显，但深度要适宜，各地研究表明，荞麦地深耕一般以 20 ~ 25cm 为宜。在进行春、秋深耕时，力争早耕，深耕时间越早，接纳雨水就越多，土壤含水量就相应越高，而且熟化时间长，土壤养分的含量相应也高。

耙与耱是两种不同的整地工具和方法，都有破碎坷垃、疏松表土、平隙保墒的作用，黏土地耕翻后要耙，沙土壤耕后要耱。镇压是北方旱地耕作中的又一项重要整地技术，它可以减少土壤大孔隙，增加毛管空隙，促进毛管水分上升，同时可以在地面形成一层干土覆盖层，防止水分蒸发，达到蓄水保墒、保证播种质量的目的，镇压宜在沙土壤上进行。

（3）施肥。甜荞是一种需肥较多的作物，对肥料反应十分敏感，要获得高产必须供给充足的肥料。研究表明，每生产100kg 籽粒，需要从土壤中吸收纯氮 3.3kg、磷 1.5kg、钾 4.3kg，与其他作物相比高于禾谷类作物、低于油料作物，吸收比例为 1∶0.45∶1.3。因而施圈粪不少于 1 000kg/亩，每亩配施磷肥 15kg、草木灰 80kg。荞麦吸收氮、磷、钾的比例和数量还与土壤质地、栽培条件、气候特点及收获时间有关，对于干旱瘠薄地和高寒山地，增施肥料，特别是增施氮、磷肥是甜荞丰产的基础。

施肥应掌握“基肥为主、种肥为辅、追肥为补，有机肥为主、无机肥为辅”的原则，施用量应根据地力基础、产量指标、肥料质量、种植密度、品种和当地气候特点科学掌握。

①基肥：甜荞播种之前，结合耕作整地施入土壤深层的肥料，也称底肥。充足的优质基肥，是甜荞高产的基础。基肥的作用主要包括：结合耕作创造深厚肥沃的土壤熟土层；促进根系发育，扩大根系吸收范围；基肥一般是营养全面、持续时间长的有机肥，利于甜荞稳健生长。基肥是荞麦的主要肥料，一般应占总施肥量的 50%～60%。荞麦生产常用的有机肥有粪肥、厩肥和土杂肥，腐熟不好的秸秆肥不宜在荞麦地施用。粪肥以

人粪尿为主，是一种养分比较完全的有机肥，易分解，肥效快，当年增产效果比厩肥、土杂肥好，一般施用优质农家肥1～2.5t/亩。荞麦田基肥的施用分为秋施、早春施和播前施。秋施在前作收获后，结合秋深耕施基肥，它可以促进肥料熟化分解，能蓄水、培肥、促进高产，效果最好。荞麦多种植在边远的高寒山区和旱薄地上，或作为填闲作物种植，农家有机肥一般满足不了荞麦基肥的需要，科学实验和生产实践表明，若结合一些无机肥作基肥，对提高荞麦产量大有好处。但须注意的是荞麦虽喜钾肥，但不能施用氯化钾，因氯离子会引发斑病而导致减产。可用碳铵、尿素等氮肥或磷酸二铵、硝酸磷肥等氮磷复合肥料与有机肥混合堆制后一起施入作基肥。或亩施过磷酸钙20kg和尿素6kg作底肥，既经济，增产效果又显著。

②种肥：在播种时将肥料施于种子周围的一项措施，包括播前以肥拌籽、播种时溜肥或“种子包衣”等方法。种肥能弥补基肥的不足，满足荞麦生育初期对养分的需要，并能促进根系发育。传统的种肥是粪肥，随着养麦科研的发展，用无机肥料作种肥成为荞麦高产的主要技术措施。常用作种肥的无机肥料有过磷酸钙、钙镁磷肥、磷酸二铵、硝酸铵和尿素等，栽培荞麦以30kg/亩磷肥作种肥定为荞麦高产的主要技术指标。过磷酸钙、钙镁磷肥或磷酸二铵作种肥，一般可与荞麦种子搅拌混合使用，硝酸铵和尿素作种肥一般不能与种子直接接触，否则易“烧苗”，故用这些化肥作种肥时，要远离种子。

③追肥：甜荞生育阶段不同，对营养元素的吸收积累也不同。

现蕾开花后，需要大量的营养元素，此时进行适当追肥，对荞麦茎叶的生长、花蕾的分化发育、籽粒的形成具有重要意义。追肥还应视地力和苗情而定：地力差，基肥和种肥不足的，出苗后20～25天，封垄前必须追肥；苗情长势健壮的可不追或少追；弱苗应早追苗肥。追肥一般宜用尿素等速效氮肥，用量不宜过多，以5kg/亩左右为宜。无灌溉条件的地块追肥要选择在阴雨天气进行，此外，用硼、锰、锌、钼、铜等微量元素肥料作根外追肥，也有增产效果。

（4）合理密植。合理密植就是充分有效地利用光、水、气、热和养分，协调群体与个体之间的矛盾，在群体最大限度发展的前提下，保证个体健壮地生长发育，使单位面积上的株粒数和粒重得到最大限度的提高而获得高产。由此可见，甜荞的亩苗数对株粒数和粒重影响较大，通过合理密植等栽培措施，协调各产量因素之间的关系，对提高产量有显著效果。

①播种量：播种量与荞麦产量直接相关，播种量大，出苗太密，个体发育不良，单株产量很低，单位面积产量不能提高。反之，播种量小，出苗太稀，个体发育良好，单株产量虽然很高，但单位面积上株数少，产量同样不能提高。所以，根据地力、品种、播种期确立适宜的播种量是确定荞麦合理群体结构的基础。

荞麦播种量是根据土壤肥力、品种、种子发芽率、播种方式和群体密度确定的。每0.5kg甜荞种子可出苗1万株左右，一般甜荞每亩播种量2.5～3kg。在北方春荞麦区，甜荞生育期相对较长，个体发育充分，一般每亩留苗以2.5万株为宜，最多不能超过7.5万株。

②土壤肥力：土壤肥力影响荞麦分枝、株高、节数、花序数、小花数和粒数。肥沃地荞麦产量主要靠分枝，瘠薄地主要靠主茎。一般参照中肥地密度指标，肥地适当减密度，瘦地适当加大密度。

③播种期：同一品种的生育日数因播种期而有很大的差异，

其营养体和主要经济性状也随着生育日数而变化，北方春荞麦播种期不宜太早，否则将促进植株的营养生长，反而降低了结实率，一般在5月下旬至6月上旬为宜。

④品种：不同的荞麦品种，其生长特点、营养体的大小和分枝能力、结实率有很大差别。一般生育期长的晚熟品种营养体大、分枝能力强，留苗要稀；生育期短的早熟品种则营养体小、分枝能力弱，留苗要稠。

（5）播种。荞麦是带子叶出土的，播种不宜太深，种深了难以出苗，播种浅了又易风干。因而，播种深度是全苗的关键措施。为了保证顺利出苗，一般以3～4cm为宜，在沙质土和干旱区可以稍微深些，但不要超过6cm。掌握播种深度的几条原则：一要依据土壤水分，土壤水分充足时要浅点，土壤水分欠缺时要深点；二要依据播种季节，春荞宜深些，夏荞稍浅些；三要依据土质，沙质土和旱地可适当深一些，黏土地则要稍浅些；四要依据播种地区，在干旱风多地区，要重视播后覆土，还要视墒情适当镇压，在土质黏重遇雨后易板结地区，播后遇雨，可用耙破板结；五要依据品种类型，不同品种的顶土能力各异。

①适时播种：适时播种是甜荞获得高产成败的关键措施，播种早晚都会影响荞麦的产量。我国荞麦一年四季都有播种：春播、夏播、秋播和冬播，也称春荞、夏荞、秋荞、冬荞。北方旱作区及一年一作的高寒山地多春播；黄河流域冬麦区多夏播；长江以南及沿海的华中、华南地区多秋播；亚热带地区多冬播；西南高原地区春播或秋播。各产区具体适宜播期应根据品种的熟性（生育期）、当地无霜期及大于10℃的有效积温数，使荞麦盛花期避开当地的高温（>26℃）期，同时保证霜前成熟为基本原则。如内蒙古阴山以北丘陵地区、河北坝上，是我

国早熟春甜荞产区，适宜播期为5月下旬至6月上旬；甘肃陇东、陕西渭北及黄河沿岸地区和山西中南部的小麦及其他作物收获较早地区，一般在7月中旬播种；阿坝州低海拔地区在7月播种荞麦，半高山地区可在4月中旬到6月底播种；云南、贵州的荞麦主要在1 700m以下的低海拔地区种植，一般在8月上中旬播种；云南西南部平坝地区、广西、广东和海南一些地方是冬荞，一般在10月下旬至11月上中旬播种。西南高寒山区，甜荞的适宜播种期为4月中下旬至5月上旬。

②种子处理：甜荞高产不仅要有优良品种，而且要选用高质量、成熟饱满的新种子。播种前的种子处理，对于提高荞麦种子质量以及全苗、壮苗奠定丰产作用很大。荞麦种子处理主要有晒种、选种、浸种和药剂拌种几种方法。

a. 晒种：晒种可改善种皮的透气性和透水性，促进种子成熟，提高酶的活力，增强种子的生活力和发芽力，提高种子的发芽势和发芽率。阳光中的紫外线可杀死一部分附着在种子表面的病菌，在一定程度上可减轻病害的发生。选择播种前7～10天的晴朗天气，将荞麦种子薄薄地摊在向阳干燥的地上或席上，晒种时间应根据气温的高低而定，气温较高时晒一天即可。

b. 选种：目的是剔除空粒、破粒、草籽和杂质，选用大而饱满、整齐一致的种子，提高种子的发芽率和发芽势。大而饱满的种子含养分多、生活力强，生根快，出苗快，幼苗健壮。荞麦选种方法有风选、水选、筛选、机选和粒选等。利用种子清选机同时清选几个品种时，一定要注意清理清选机，防止种子的机械混杂。

c. 温汤浸种：有提高种子发芽力的作用，用35～40℃温水浸10～15mm效果良好，能提早成熟。用其他微量元素溶液：钼酸铵（0.005%）、高锰酸钾（0.1%）、硼砂（0.03%）、硫酸镁（0.05%）、溴化钾（3%）浸种也可促进甜荞幼苗的生长和产量的提高。

d. 药剂拌种：是防治地下害虫和甜荞病害极其有效的措施。药剂拌种是在晒种和选种之后，用种子量0.5%～0.1%的五氯硝基苯粉剂拌种，防止疫病、凋萎病和灰腐病。也可用种子重量0.3%～0.5%的20%甲基异柳磷乳油或0.5%甲拌磷乳油拌种，将种子拌匀后堆放3～4h再摊开晾干，可防治蝼蛄、蛴螬、金针虫等地下害虫。

③播种方法：我国荞麦种植区域广泛，产地的地形、土质、种植制度和耕作栽培水平差异很大，故播种方法也各不相同，主要有条播、点播和撒播等。

a. 条播：主要是畜力牵引的耧播和犁播。根据地力和品种的分枝习性分窄行条播和宽行条播，条播以167～200cm开厢，播幅13～17cm，空行17～20cm。条播的优点是深浅一致，落籽均匀，出苗整齐，在春旱严重、墒情较差时，可探墒播种，适时播种，保证全苗。条播还便于中耕除草和追肥的田间管理。条播以南北垄为好。

b. 点播：采取锄开穴、人工点籽，这种方式除人工点籽不易控制播种量外，每亩的穴数也不易掌握，营养面积利用不均匀，还比较费工。应以167～200cm开厢，行距27～30cm，窝距17～20cm，每窝下种8～10粒种子，待出苗后留苗5～7株。

c. 开厢匀播：厢宽150～200cm，厢沟深20cm、宽33cm，播种均匀，亩播饱满种子3kg。

d. 撒播：在一些地区小麦收获后，先耕地随后撒种子，再耙平。由于撒播无株行距之分，密度难以控制，田间群体结构不合理，密处成一堆，稀处不见苗。田间管理困难，单产较低。

撒播因撒籽不匀，出苗不整齐，通风透光不良，田间管理不便，故而产量不高。点播过于费工。条播播种质量高，有利于合理密植和群体与个体的协调发育，从而使荞麦产量提高。因此，条播是甜荞产区普遍使用的播种方式。

（6）田间管理。针对甜荞生产中的关键技术，采用科学的管理措施，以保证荞麦高产、稳产。

①苗期管理：除了在播种前做好整地保墒、防治地下害虫的工作外，甜荞播种后要采取积极的保苗措施。播种时遇干旱要及时镇压，踏实土壤，减少空隙，使土壤耕作层上虚下实，以利于地下水上升和种子的发芽出苗。播后遇雨或土壤含水量高时，会造成地表板结，荞麦子叶大，顶土能力差，地面板结将影响出苗，可用耙破除板结，疏松地表，以利出苗。破除地表板结要注意，在雨后地表稍干时浅耙，以不损伤幼苗为度。在低洼地荞麦播种前后应做好田间的排水工作。水分过多对荞麦生长不利，特别是苗期。

②中耕除草：中耕有疏松土壤、增加土壤通透性、蓄水保墒、提高地温、促进幼苗生长的作用，也有除草增肥的效果。根据资料，中耕一次能提高土壤含水量 0.12% ~0.38%，中耕两次能提高土壤含水量 1.23%，能明显地促进荞麦个体发育。中耕除草 1 ~2 次比不中耕的荞麦单株分枝数增加 0.49% ~1.06 个，粒数增加 16.81 ~26.08 粒，粒重增加 0.49% ~0.8%，增产 38.46%。

所以，中耕除草是农业生产上的一项“清洁”工程，它起到了节肥、节水以及增光的作用，中耕同时进行疏苗、间苗，去掉弱苗、多余苗，从而达到增产的目的。中耕除草次数和时间根据地区、土壤、苗情及杂草多少而定。第一次中耕除草在幼苗高 6 ~7cm 时结合间苗、疏苗进行；第二次中耕在荞麦封垄前，结合追肥培土进行，中耕深度 3 ~5cm。

③灌溉浇水：甜荞是典型的旱作物，但其生育过程中的抗旱能力较弱，需水较多，以开花灌浆期需水为需水关键期。我国春荞麦多种植在旱坡地，缺乏灌溉条件，荞麦生长依赖于自然降水。夏荞麦区有灌溉条件的地区，荞麦开花灌浆期如遇干旱，应灌水满足荞麦的需水要求，以保证荞麦的高产。

④花期管理：甜荞是异花授粉作物，又为两性花，结实率一般较低，只有6%～10%，这是产量较低的主要原因。提高甜荞结实率的方法是创造授粉条件，进行辅助授粉。

甜荞是虫媒花作物，蜜蜂等昆虫能提高甜荞授粉结实率。内蒙古农业科学院对蜜蜂、昆虫传粉与荞麦产量关系的研究表明，在相同条件下昆虫传粉能使单株粒数增加37.84%～81.98%，产量增加83.3%～205.6%。故在荞麦田养蜂、放蜂，既是提高荞麦结实率、株粒数、粒重及产量的重要增产措施，又利于养蜂事业的发展，有条件的地方应大力提倡。蜜蜂辅助授粉在荞麦盛花期进行，荞麦开花前2～3天，每亩荞麦田安放蜜蜂1～3箱。

在没有放蜂条件的地方采用人工辅助授粉方法，也可提高荞麦产量。人工辅助授粉应在甜荞的盛花期，每隔2～3天，于上午9～11时，以牵绳赶花或长棒赶花为好，辅助授粉使植株相互接触、相互授粉，但要避免损坏花器，而且在露水大、雨天或清晨雄蕊未开放前或傍晚时，都不宜进行人工辅助授粉。

⑤适时收获：荞麦花期较长，种子成熟极不一致，成熟的籽粒易脱落，要及时收获。当大部分植株2/3籽粒呈褐色时即为收获适期，可于上午露水未干时收获，以减少落粒损失。

二、苦荞丰产栽培技术

（1）地块选择。苦荞麦对土壤的适应性比较强，只要气候适宜，任何土壤，包括不适于其他禾谷类作物生长的瘠薄地、新垦地均可种植，而有机质丰富、结构良好、营养充足、保水力强、通气性良好的土壤更适宜种植荞麦。苦荞麦喜湿，有水浇条件、排灌方便的农田能提高苦荞的产量。

（2）选用优良荞麦品种。实际生产中的苦荞品种还存在一些问题，例如品种的混杂、退化现象严重，这些问题制约了产量的提高。经过育种工作者的努力，近年来育成了西荞一号、九江苦荞、川荞一号等优良品种，具有抗逆性强、高产、优质等特点。

播种前用0.3%的硼砂水溶液浸种，均可增产16%以上。此外，因荞麦种子寿命很短，发芽率每隔一年平均递减35.5%，应选用新而饱满的种子。

（3）精耕细耙。实践表明，每亩产量在150kg以上的，耕作层均在30cm以上。一般苦荞地耕作层过浅，会影响根系的生长。整地要在前茬作物收获后进行深耕并细耙整平土壤，可提高土壤的蓄水保墒能力，这样可以增加熟土层，提高土壤肥力，有利于蓄水保墒和防止水分蒸发，为根系营养生长和植株发育创造良好的条件，有明显的增产效果，也有减轻病虫危害的作用。

（4）施足基肥，看苗追肥。苦荞生育期短，花期长，需养分多。有研究表明，生产100kg籽粒，需要从土壤中吸取氮3.5kg、五氧化二磷1.5kg、氧化钾4.3kg。苦荞生长的主要营养来源是基肥，占总施肥量的50%～60%。无机肥结合有机肥作基肥，可以显著提高苦荞产量。

播时每亩用腐熟农家肥500kg作基肥，用50kg草木灰、8kg过磷酸钙混合作盖种肥，苗期追肥用5～8kg尿素，初花期用1%硼砂水溶液叶面喷施，能显著提高结实率。

（5）适时播种，合理密植。苦荞麦喜冷湿的气候，苗期宜在温暖的气候中生长，而处于开花结实期时，昼夜温差较大、天气凉爽更为有利。若生育期遇高温、干燥会导致苦荞减产。冀西北坝上地区苦荞5月下旬播种为宜，播种过晚会遭受霜冻。

播种方式应改传统的撒播为开厢条播或窝播，一般苦荞每0.5kg种子出苗1.5万株左右，因此，每亩用种量4～5kg，总苗控制在12万～15万株/亩。

（6）加强田间管理。苦荞生长快，现蕾封行早。幼苗2～4片真叶时，要及时间苗、定苗，淘汰弱苗，并及时追肥，中耕除草。现蕾期进行第2次中耕除草，并适当培土护根防倒伏。

苦荞为自花授粉作物，花数可达1 500～3 000朵，结实率一般在40%～60%，在肥水条件好的地区，花期应采取限制其无限生长的措施，促进干物质积累，提高单株粒重，获得优质高产。

第四节　储藏加工方法

一、储藏

荞麦收获后，含水率较高，应降至13%以下。储藏中应注意：

（1）雨、露、水湿荞麦籽粒的处理。雨、露、水湿荞麦籽粒的呼吸作用较强，附着的微生物亦多，容易发热和霉变。遭到雨淋、含水率在以上的荞麦籽粒，在气温较高的夏季，即使袋装单批堆放，经常通风，也会变质。为保管好雨湿荞麦籽粒，最好进行晾晒或烘干。烘晒和烘干不仅能降低水分，同时还能杀菌。

(2) 发热的处理。发现荞麦籽粒温度失常后，不论是因后熟作用或含水率高所引起，均应立即处理，以减轻变质或避免变质。处理方法最好是晒干或烘干。如无条件及时晾晒或烘干，应立即摊晾，降低麦温，散失水分。

(3) 霉变的处理。荞麦霉变后，品质降低，气味变劣。极少量霉变荞麦籽粒混入正常荞麦中，能使全部荞麦的加工产品带有异味。所以，霉变后的荞麦，即使为数不多，亦应立即进行晾晒或烘干，单独存放，另作处理。绝不能混入正常荞麦中，因小害大。

(4) 仓虫的防治。防治仓虫的发生和繁殖，与清理仓房、杜绝虫源有关。荞麦含水量与仓虫滋生关系甚密。防止荞麦生虫，最好是收后晾晒彻底，防仓虫发生。荞麦生虫后，夏季“晒热入仓”、冬季低温冷冻杀虫也有效果。在条件许可地区，可用熏蒸剂杀虫。

二、加工

甜荞食味好，有良好的适口性，且易被人体吸收，在我国东北、华北、西北、西南以及日本、朝鲜、前苏联都是很受欢迎的食物，许多国家已把甜荞列为高级营养食品。荞米是甜荞的籽粒在碾米中去皮壳（即果皮和种皮），再用一定孔径的筛子过筛后得到的，常用来做荞米粥和荞麦片。面粉可精制美馔拨面，宴请贵宾，也可制作面条、烙饼、面包、糕点、荞酥、凉粉等民间食品。荞叶中的营养也十分丰富，常作凉拌菜及其他风味食品。目前，市场上甜荞的风味食品有猫耳朵（山西风味）、荞麦凉粉（陕北风味）、荞面碗坨（陕北、宁夏、内蒙古风味）、荞麦饸饹（陕西、宁夏风味）、剁荞面（陕西、宁夏风味）、荞面烙饼（陕西风味）、荞面煎饼（陕西、宁夏风味）；甜荞加工产品有荞麦挂面、甜荞维夫饼干、荞麦面包、荞麦蛋糕、荞麦营养茶等。

第七章　青　稞

第一节　概　述

青稞（hullessbarley）是禾本科大麦属的一种禾谷类作物，因其内外颖壳分离，籽粒裸露，故又称裸大麦、元麦、米大麦。它主要产自中国西藏自治区（以下简称西藏）、青海、四川、云南等地，是藏族人民的主要粮食。青稞在青藏高原上种植约有3 500年的历史，从物质文化延伸到精神文化领域，在青藏高原上形成了内涵丰富、极富民族特色的青稞文化。青稞有着广泛的药用价值和营养价值，目前已推出青稞挂面、青稞馒头、青稞营养粉等青稞产品。

青稞具有丰富的营养价值和突出的医药保健作用。在高寒缺氧的青藏高原，之所以不乏百岁老人与常食青稞是分不开的。据《本草拾遗》记载：青稞，下气宽中、壮精益力、除湿发汗、止泻。藏医典籍《晶珠本草》更把青稞作为一种重要药物，用于治疗多种疾病。青稞在中国西北、华北以及内蒙、西藏等地均有栽培，当地群众以之为粮，正如《药性考》中所言："青稞形同大麦，皮薄面脆，西南人倚为正食。"也有学者认为，青稞麦不易消化，尤其是未熟透的青稞更难消化，多食会损伤消化功能，易致溃疡病。

第二节 主要优良品种介绍

一、甘青3号

（一）特征特性

春性品种，幼苗半直立，叶色绿，分蘖较强，叶耳白色（抽穗后转紫色）；株型较松散，穗层较整齐，成穗率中等，生育天数116天。株高95.3cm，穗粒数42粒左右，千粒重40g左右。籽粒长椭圆形，裸粒白色，收获粒色浅褐。经山西省农业科学院中心实验室分析，籽粒含粗蛋白10.48%、粗淀粉62.20%、粗脂肪2.69%、可溶性糖2.21%。该品种耐蚀亦耐旱，耐肥性中等，对锈病、白粉病免疫，无网斑病，中感赤霉病。平均产量3 126kg/hm^2。

（二）栽培技术要点

前茬以豆薯和休闲地为佳，春播区3月下旬至4月中旬播种为宜，播种量200～270kg/hm^2，每公顷保苗360万～400万株，肥地宜稀，瘦地宜密。播前每公顷施农家肥30 000～45 000kg，磷酸二铵100kg，尿素75kg做底肥一次性施入。5叶期至拔节前除草，并视苗情追肥。穗色变黄，籽粒变硬收获为宜。

（三）推广区域

适宜在甘肃省甘南藏族自治州、四川省康定市海拔2 000～3 200m的青稞种植区推广种植。

二、甘青4号

(一) 特征特性

春性品种，幼苗半直立，叶色绿，分蘖较强，叶耳白色(抽穗后转紫色)；株型较松散，穗层较整齐，成穗率中等。生育天数116天左右。株高82.9cm左右，穗粒数40粒，千粒重42.4g。籽粒长椭圆形，裸粒白色，收获粒色浅褐。经山西省农业科学院中心实验室分析，籽粒含粗蛋白11.0%、粗淀粉61.75%、粗脂肪2.57%、可溶性糖2.12%。该品种耐寒耐旱，耐肥性中等，对锈病、白粉病免疫，无网斑病，中感赤霉病。平均产量3 364.5kg/hm^2。

(二) 栽培技术要点

前茬以马铃薯、油菜、豆类等作物及轮歇地为佳，春播区3月下旬至4月中旬播种为宜，播种量200~250kg/hm^2，每公顷保苗330万~390万株，肥地宜稀，瘦地宜密。播前每公顷施农家肥30 000~45 000kg，磷酸二铵100kg，尿素75kg做底肥一次性施入。生育期间及时中耕除草，并视苗情追肥。穗色变黄，籽粒变硬收获为宜。

(三) 推广区域

适宜在甘肃省甘南藏族自治州的卓尼县、夏河县、合作市及相似生态区进行推广种植。

三、甘青5号

(一) 特征特性

春性，生育期103~128天，中熟类型。幼苗直立，苗期生长旺盛，叶绿色。株型紧凑，叶耳紫色。株高99.75cm，茎秆坚韧、粗细中等，全抽穗习性，穗脖半弯，植株生长整齐。穗长方形，四棱，小穗密度稀。长齿芒，窄护颖，穗长5.98~7.38cm，穗粒数41.82~46.28粒，籽粒黄色，椭圆形，角质，饱满，千粒重42.75~46.74g。成熟后期口紧，落黄好，耐寒、耐旱、抗倒伏，中抗条纹病，中感云纹病。籽粒粗蛋白12.37%，粗淀粉63.19%，粗脂肪1.73%，赖氨酸0.428%，灰分1.87%，可溶性糖2.06%。平均产量2 947.5kg/hm^2。

（二）栽培技术要点

适宜前茬是马铃薯、油菜、豆类茬和轮歇地；播前基施农家肥 30 000~45 000 kg/hm^2，磷酸二铵 112.5kg/hm^2，尿素75kg/hm^2。在海拔2 400~3 200m的高寒阴湿区适宜播种期是3月下旬至4月中旬；播种量236.3~270.0kg/hm^2，及时中耕除草，加强田间管理，适时收获。

（三）推广区域

适宜在甘肃省合作市、四川省马尔康县和康定市、青海省西海镇和西宁市以及云南省香格里拉市等地区推广种植。

四、康青7号

（一）特征特性

春性，中熟，幼苗半直立，分蘖较强，叶色绿。株型紧凑，成穗率中等，株高105~113cm。穗长方形，四棱，长芒齿，三联小穗稀。乳熟期叶耳、叶脉呈紫色，外颖脉3~7条。穗长6.8cm，穗粒数42~46粒。籽粒长椭圆形，裸粒、黄色，饱满度好。千粒重41~45g，容重785g/L，籽粒粗蛋白质含量12.2%，粗淀粉含量73.2%，赖氨酸含量0.44%。春播128~148天，冬播

190~210天。耐湿，亦耐旱，耐肥性中等。对条锈病、白粉病免疫，无网斑病、中感赤霉病。平均产量3 838.8kg/hm²。

（二）栽培技术要点

1. 播种期

海拔2 000~3 000m热量条件较好的区域，3月中、下旬至5月上旬为宜。海拔3 100~3 800m，温凉区域在4月上中旬。冬播春性小麦区10月下旬至11月上旬为宜。

2. 基本苗

春播每公顷225万~330万株，冬播每公顷150万~225万株。

3. 施肥

每公顷施纯氮75~120kg，配合施磷肥120~150kg、钾肥75kg。

4. 田间管理

前茬以豆、薯类作物或休闲地为佳。3~5叶期注意防除杂草和蚜虫，拔节期视苗情适当追肥。采取综合防治措施防治田间杂草和病虫害。适时收获。

（三）推广区域

适宜在四川省藏区以及四川省海拔2 000~3 800m区域种植。

五、康青8号

（一）特征特性

春性品种，全生育期140天左右。幼苗半直立，分蘖力中等。苗叶深绿，叶片大小适中，叶耳、茎节白色。植株较整齐，平均株高105cm左右，穗长方形，长光芒，裸粒，籽粒浅黄色，半角质，籽粒长椭圆形、饱满。小穗密度中等，穗粒数45～48粒，千粒重43～45g。2010年由国家粮食局成都粮油食品质量监督检验测试中心（成都）品质测定：平均容重760g/L，粗蛋白质含量12.4%，粗淀粉含量73.2%，赖氨酸含量0.41%。经四川省农业科学院植保所鉴定，高抗条锈病，高抗白粉病，高感赤霉病。平均单产3 322.5kg/hm^2。

（二）栽培技术要点

1. 播种期

海拔2 000～3 000m热量条件较好的区域，3月中下旬至5月上旬为宜。海拔3 100～3 800m，温凉区域在4月上中旬。冬播春性小麦区10月下旬至11月上旬为宜。

2. 基本苗

春播每公顷225万～270万株，冬播每公顷120万～150万株。

3. 施肥

每公顷施纯氮75～120kg，配合施磷肥120～150kg、钾肥75kg。

4. 田间管理

5. 叶期喷施除草剂

（三）推广区域

适宜在四川省藏区以及四川省海拔2 000～3 800m区域种植。

六、北青9号

（一）特征特性

幼苗直立，叶绿色，叶姿平展，叶耳白色。株高94.70cm。株型半松散，单株分蘖0.50个，分蘖成穗率43.50%。穗全抽出，闭颖授粉，穗脖半弯，穗部半弯，穗形长方形，穗长6.70cm，棱形四棱，小穗着生密度疏。颖壳黄色，外颖脉黄色，护颖窄。长芒、有齿、黄色。裸粒、黄、椭圆形。种子基刺纤维状。每穗粒数41.80粒，穗粒重2.10g，单株粒重2.4g。千粒重45.90g。籽粒半硬质。籽粒粗蛋白质含量13.57%，淀粉含量为57.81%。春性、中熟。生育期128天，期间≥0℃积温1 389.8℃，全生育期152天，期间≥0℃积温1 96.50℃。落粒性中，休眠期短。耐寒性、耐旱性、耐湿性、耐盐碱性中，较抗倒伏。高抗云纹病、云纹病，平均产量3 750kg/hm^2。

（二）栽培技术要点

忌连作，秋深翻。春耕施农家肥22 500～30 000kg/hm^2，纯氮80～90kg/hm^2，五氧化二磷60～83kg/hm^2。3月下旬至4月上旬播种，条播，播种深度3.50～5.00cm。播种量630万～675万粒/hm^2，保苗375万～405万株/hm^2，保穗435万～495万穗/hm^2，并用1%～3%石灰水浸种或药剂拌种以防治病害。3叶期松土、除草，结合松土或浇水视苗情追纯氮18～30kg/hm^2。孕穗至抽穗期间叶面喷施3%浓度的磷酸二氢钾1～2次。

（三）推广区域

适宜在青海省年平均温度0.5℃以上的中、高位山旱地和高位水地种植。

七、昆仑14

（一）特征特性

春性多棱青稞品种，生育期105～110天，属中早熟品种。幼苗半匍匐，叶色绿，茎秆粗壮，基部节间较短，茎秆弹性好。抽穗时株型松紧中等，闭颖授粉，疏穗型，穗长方形，穗茎弯曲，穗层整齐；穗长 6.8 ~ 8.7cm，穗粒数 38.7 ~ 43.2 粒，千粒重 44.5 ~ 51.7g；长齿芒，籽粒椭圆形，粒色淡黄，饱满，半角质；抗倒伏，抗条纹病、云纹病等青稞主要病害。该品种株高 100 ~ 110cm，穗全抽出，繁茂性好，生物学产量高，属粮草双高型品系（粮：草 =1：1.55），在获得较高籽粒产量的同时，还可满足青稞种植户对饲草的需求。据中国科学院西北高原生物研究所兰州分院生化测试中心分析，昆仑 14 蛋白质含量 10.77%，淀粉含量 58.56%，β - 葡聚糖含量 6.21%。平均产量 6 750kg/hm^2。

（二）栽培技术要点

秋深耕 20 ~ 25cm 或春浅耙 8 ~ 10cm。4 月上旬播种，采用条播，播种量 300 ~ 330kg/hm^2，行距 15cm，播种深度 3 ~ 4cm，用尿素 75 ~ 150kg/hm^2、磷酸二铵 150 ~ 225kg/hm^2 作底肥。田间管理要突出“早”，青稞 2 叶 1 心或 3 叶期及时除草、松土、追肥，每公顷追施尿素 75 ~ 150kg。

（三）推广区域

适宜在青海省年平均温度 0.5℃以上的高位水地生态区、柴达木绿洲灌溉农业区及高寒冷凉山旱地种植以及青藏高原相似生态区种植。

八、昆仑 15

（一）特征特性

春性多棱青稞品种，生育期 101 ~ 107 天，属早熟品种。幼苗直立，叶色绿，茎秆粗壮，基部节间较短，茎秆弹性好。闭颖授粉，疏穗型，穗长方形，穗茎弯曲，穗层整齐；穗长 6.2 ~ 7.9cm，穗粒数 38.1 ~ 41.9 粒，千粒重 42.3 ~ 45.7g；长齿芒，籽粒椭圆形，粒色褐色，饱满，粉质；中抗条纹病、云纹病等青稞主要病害。该品种穗半抽出，株型紧凑，株高 75 ~ 90cm，属中秆品种，抗倒伏性好，成穗率高，产量潜力大。据中国科学院西北高原生物研究所兰州分院生化测试中心分析，昆仑 15 蛋白质含量 11.81%，淀粉含量 57.76%，葡聚糖含量 6.57%。平均产量 5 250kg/hm^2。

(二) 栽培技术要点

秋深耕 20 ~ 25cm 或春浅耙 8 ~ 10cm。4 月上旬播种，采用条播，播种 300kg/hm^{2}左右，行距 15cm，播种深度 3 ~ 4cm，用尿素 75kg、磷酸二铵 150 ~ 225kg/hm^{2}作底肥。田间管理要突出“早”，青稞 2 叶 1 心或 3 叶期及时除草、松土、追肥，每公顷追施尿素 75kg。

(三) 推广区域

适宜在青海省年平均温度 0.5℃以上的高位水地生态区、柴达木绿洲灌溉农业区及高寒冷凉山旱地种植以及青藏高原相似生态区种植。

九、藏青 2000

(一) 特征特性

春性品种，全生育期 125 ~ 135 天。穗长方形，四棱，黄白色粒，株高 98 ~ 120cm，穗长 7 ~ 8cm，千粒重 45 ~ 50g，生育期 125 ~ 135 天。粗蛋白质 9.69%，粗淀粉 58.79%。属于广适、高产、高秆、优质、抗倒伏的粮草双高型青稞品种。平均产量 4 341kg/hm^2。

(二) 栽培技术要点

播种前种子进行精选包装，每公顷施农家肥 22 500kg，施底肥 1 800kg。追肥 1 125kg/hm^2，钾肥 337.5kg/hm^2。

（三）推广区域

适宜在海拔4 150m以下中等农区中等肥水条件下种植。

第三节 高产栽培技术

一、适宜范围

迪庆藏族自治州属寒温带山地季风气候，复杂多样的山形地貌是构成立体气候的主要因素，冬青稞主要分布在海拔1 500～2 700m以下的沿江河谷地区，此区年均温≥10℃以上，年活动积温3 600℃左右，农作物一年两熟；春青稞主要集中分布在海拔2 700～3 500m的迪庆藏族自治州香格里拉县高原坝区和德钦县的升平镇、羊拉乡。该区域地势较高，气温低，具有长冬无夏或冬长夏短的气候特点。其中，香格里拉县建塘镇、小中甸镇、德钦县升平镇的年均温在5.4℃，全年活动积温（≥10℃）为1 200℃左右，年降水量513.7～606.4mm，一年一熟制，是迪庆藏族自治州春青稞种植的主要地区。

二、品种选择

春作区优良品种：短白青稞、长黑青稞、99－1、黑六棱。

冬作区优良品种：迪青3号、云青2号、玖格、青海黄。

三、栽培技术

（一）播前准备

1. 整地

春青稞整地要求“早、深、多”。“早”即当年青稞收后，应及早犁地，将前茬、杂草等有机物翻入土中，阻断病虫杂草繁衍，且使田间残留秸秆有充足的时间腐熟，培肥地力。“深”即耕地要深，一般应达30cm左右。“多”即耕地休闲期应犁耙3次以上，调整土壤颗粒结构，配合施肥提高土壤耕性。

冬青稞地区应在前茬作物收获后及时翻犁灭茬，清洁田园，清除病虫寄主。

2. 种子处理

播种前先进行种子处理。用泥水法选取饱满青稞籽粒作种子；将待播的种子太阳直晒2~3天，以打破休眠；用药剂浸拌种子作防病处理。药剂拌种，可用25%多菌灵可湿性粉剂500g兑水5kg喷洒在125kg种子上堆闷1~2天；或用40%拌种双300g拌100kg青稞种，现拌现播。

（二）播种

1. 播种期

高寒坝区的春青稞最佳播种期为3月10日至4月10日间；金沙江河谷区冬青稞最佳播种期为10月25日至11月5日间；澜沧江河谷区冬青稞最佳播种期为11月5日至11月12日间。各地确切的播种期还应在此基础上按照水地宜早，旱地宜迟；海拔高宜早，海拔低宜迟；阴坡宜早，阳坡宜迟；黏土宜早，沙土宜迟；晚熟宜早，早熟宜迟的原则确定播种期。

2. 播种方式

青稞播种主要有两种方式：条播和撒播。以机条播最好，容易掌握播种量和播种深度，出苗均匀而且整齐，容易培育壮苗，还可节约20%以上的种子。条播行距16~20cm，墒面宽2.5~3.0m，墒沟0.3m。机条播行距16~20cm，墒面宽2.5~3.0m，墒沟0.3m。

3. 播种量

一般上等地基本苗应保持在150万~180万株/hm^2，中等地195万~225万株/hm^2，下等地270万~300万株/hm^2比较适宜。河谷区以云青2号为例，播种量在90~120kg/hm^2，前茬是水稻播种量可以135~150kg/hm^2。高寒地区以短白青稞为例，播种量应为150~180kg/hm^2。

4. 播种深度

春青稞播种深度应在6~8cm，冬青稞应在3~4cm。

（三）田间管理

1. 苗期管理

在苗齐、苗壮的基础上，促进早分蘖、早扎根，达到分蘖足、根系发达，培育壮苗，减少弱苗，防止旺苗。要及时查苗补苗，疏密补缺，中耕和除草，破除板结，追肥和镇压，达到匀苗、全苗，为壮苗奠定基础。

2. 拔节、孕穗期管理

在保蘖增穗的基础上，促进壮秆和大穗的形成，同时，防止徒长倒伏。这一时期最关键的是防止青稞倒伏。在青稞分蘖到拔节前每公顷用玉米健壮素450ml，加20%多效唑150g，每隔一周喷施一次，共喷3次，使青稞节间缩短，叶片短厚，叶色浓绿，根系发达，植株矮化抗倒。

3. 抽穗、成熟期间的田间管理

主攻目标是：养根保叶，延长上部叶片的功能期，预防旱、涝、病虫等灾害，达到最终的穗大、粒多和粒重，以利高产、优质。灌浆初期叶面喷施速效氮、磷、钾肥能有效延长叶片功能期，对壮籽增重效果显著。

4. 施肥管理

结合翻耕土地施腐熟农家肥15 000～30 000kg/hm^2。根据目标产量法和因缺补缺的施肥方法，春作区氮、磷、钾施用比例为4∶7∶2，每公顷补施硼砂7.5kg；冬作区氮、磷、钾施用比例为9∶12∶4，补施硼砂15kg/hm^2，硫酸锌30kg/hm^2。

青稞对氮的吸收量有两个高峰期，一个是从分蘖期到拔节期，这时期苗虽小，但对氮的要求占总吸收量的40%，另一个是拔节期至原穗开花期，占总量的30%～40%，对磷、钾的吸收则是随着青稞生长期的推移而逐渐增多，到拔节以后的吸收量急剧增加，以孕穗期到成熟期吸收量最多，所以在分蘖前期追施尿素187.5kg/hm^2，磷、钾肥做底肥早施，苗期不作追肥用，抽穗至灌浆期每公顷用磷酸二氢钾3～4.5kg，兑水900kg，叶面喷施2～3次，间隔10天喷一次，对增加籽粒饱满，提高千粒重有显著作用。

5. 水分管理

青稞生理需水总的趋势是，幼苗期气温低、苗小、消耗水量少，开春拔节后，气温升高，生长发育加快，耗水量逐渐增大，到孕穗期，便进入需水临界期，此时期缺水，就会影响有效分蘖天性细胞的形成，结实率下降，对产量影响很大，到抽穗开花灌浆时，需水量达到最人值，如果这时期缺水，就会影响青稞的花粉受精天穗粒数的形成，进入灌浆后耗水量逐渐减少，根据这些规律，应看苗、看田灌水，保证生长期水分的供应。春作区雨养农业。注意防渍防涝，清挖排涝沟。冬作区从苗期开始灌水，拔节期灌水，孕穗期灌水，灌浆期等整个生育灌4～5次水。

第四节　适时收获与储藏

青稞的收获应根据生育期适时收割，达到“九黄十收”要求。

春青稞收获季节正值秋季，冬青稞收获期为夏初，不少地方多为阴雨连绵，气温也较高，易霉变，较为严重地影响收割作业和品质，甚至有些地方多冰雹，严重威胁着青稞的丰产与丰收，因此选好季节适期收获特别重要。

人工或半人工收割堆垛或晒麦架上的风干的，应在青稞蜡熟末期完熟之前，割晒在地上晒 2 ~ 3 天后，晴天运回堆垛或上架，待雨季过后翻晒脱粒。注意防鼠、防火、防霉变等。

联合收割机收割的，应在完熟后的烈日下收割，有利于脱粒风净和碎草。运回后避免发热、生芽、霉变，及时晒干、扬净、含水量低于 13% 入仓。

第八章　绿　豆

第一节　概　述

绿豆为豆科菜豆族豇豆属植物，属一年生草本植物，是我国人民的传统粮食、蔬菜、绿肥兼用的豆类作物，具有非常好的药用价值。根据绿豆种皮的颜色分为四类，即明绿豆、黄绿豆、灰绿豆和杂绿豆。因其颜色青绿而得名，又名青小豆、箓豆、植豆、文豆。

绿豆主要分布在印度、中国、泰国等国家。在我国已有2000多年的栽培历史，主产区集中在黄河、淮河流域及华北平原，2014年全国绿豆种植面积为55.2万hm^2，总产89.1万t，平均亩产77kg。绿豆适应性广，抗逆性强，耐旱、耐瘠、耐荫蔽，生育期短，播种适适期长，并有固氮养地能力，是禾谷类作物、棉花、薯类间作套种的适宜作物和良好前茬。

第二节　主要优良品种介绍

一、鹦哥绿豆

鹦哥绿豆又叫宣化绿豆，属中晚熟品种，全生育期90天左右。株高60cm左右，分枝3～4个，无限结荚习性，生长整齐一致。单株结荚45个左右，荚长约12.2cm，荚粒数12粒以上。籽粒圆柱形，翠绿有光泽，百粒重5.2g。性喜温暖，抗干旱耐瘠薄，适应性强，较抗病毒。

该品种适应性强，对土壤要求不严格，但忌重茬。播种适期较长，春夏播均可。亩播量1~1.5kg，播深3~5cm，亩留苗10 000株左右。播前结合整地施足底肥，每亩施农家肥2 000kg，如再加入过磷酸钙30~40kg效果更佳。封垄前中耕2~3次，以便除草松土，开花结荚期要有充足的土壤水分。生育期间注意病虫防治。收获时以分次采荚收获为好。

二、张绿1号

该品种系河北省张家口市农业科学院选育的新品系。春播生育期75天左右，幼茎绿色，植株直立。株高52cm，平均主茎分枝数3.1个，单株荚数29.6个，荚长8.2cm，单荚粒数9.9粒，百粒重5.1g，明绿豆，中粒品种。平均产量128.5kg/亩。

三、张绿2号

该品种系河北省张家口市农业科学院选育的新品系。生育期89天，株高75cm，有限结荚习性，植株粗壮，抗倒伏、抗病害。主茎分枝5.1个，茎节数10.5节，单株结荚63.5个，荚长12cm，单荚粒数12粒。千粒重69g左右。籽粒绿色，光泽度好，不落荚，不炸粒。综合性状好，耐肥水，增产潜力大。

四、冀绿2号

该品种系河北省保定市农科所选育，2002年通过国家品种审定委员会审定。中熟，春播生育日数72天，幼茎紫色，植株直立。株高50cm，平均主茎分枝数3.7个，单株荚数26.3个，荚长9.0cm，单荚粒数11.4粒，百粒重4.6g，明绿豆，中粒品种。平均产量121kg/亩。

五、中绿1号（VC1973A）

该品种由中国农业科学院引进。夏播70天即可成熟，植株直立抗倒伏，株高60cm左右。主茎分枝1~4个，单株结荚10~36个，多者可达50~100个。结荚集中，成熟一致、不炸荚，适于机械化收获。籽粒绿色有光泽，百粒重约7g，单株产量10~30g。种子含蛋白质21%~24%，脂肪0.78%，淀粉50%~54%。较抗叶斑病、白粉病和根结线虫病，并耐旱、涝。一般亩产100~125kg，高者可达300kg以上。适于在中等以上肥水条件下种植，春、夏播均可。适应性广，在我国各绿豆产区都能种植，不仅适于麦后复播，也可与玉米、棉花、甘薯、谷子等作物间作套种。

六、中绿2号（VC2719A系选）

该品种系中国农业科学院选育。该品种早熟，夏播生育期65天左右。幼茎绿色，植株直立抗倒伏，株高约50cm。主茎分枝2~3个，单株结荚25个左右。结荚集中，成熟一致、不炸荚，适于机械化收获。籽粒碧绿有光泽，百粒重约6.0g。种子含蛋白质24%，淀粉54%。抗叶斑病和花叶病毒病，耐旱、耐涝、耐瘠、耐阴性均优于中绿1号。高产稳产，亩产一般为120~150kg，最高可达270kg。适宜在中下等肥水条件下种植，春、夏播均可。

七、保绿942

该品种系河北省保定市农科所选育，2004年通过全国小宗粮豆品种鉴定委员会鉴定。该品种夏播生育期60～62天，株型紧凑，直立生长，株高48.4cm，分枝3.2个，单株结荚24.2个，籽粒短圆柱形，绿色有光泽，百粒重6.3g。结荚集中，不落荚，不炸荚，适于机械收获。具有一定的抗旱、耐涝、耐瘠薄、耐盐碱能力；稳产性能好；具有极好的适应性，平均产量每亩120kg。适宜在北京、河北、河南、山东、陕西、内蒙古、辽宁、吉林、黑龙江等地种植。

栽培要点：春夏播均可，可平播也可间作。北方春播区当地温稳定在14℃以上时即可播种；夏播在6月15日以后播种。播量为每亩1.0～1.5kg。播深3cm，行距0.5cm，株距视留苗密度而定，单株留苗，中水肥地留苗每亩7 500株。随水肥条件增高或降低，留苗密度应酌情减少或增加。苗期注意防治蚜虫，花荚期注意防治棉铃虫和豆荚螟等害虫的危害。70%～80%豆荚成熟时收获。

八、碧玉珍珠

该品种由韩国引进。株高50～60cm，茎秆粗壮，根系发达，极抗倒伏，单株有效分枝5～7条，结荚80～100个，荚果长约10～12cm，每荚10～14粒，结荚期长，不早衰，成熟一致，不裂荚，籽粒饱满墨绿，百粒重6.5g左右。适应性广，抗病力强。

第三节 高产栽培技术

一、优质高产栽培技术

（一）轮作倒茬

绿豆忌连作，种绿豆要合理安排地块，实行轮作倒茬。绿豆是很好的养地作物，是禾谷类作物的优良前茬，在轮作中占有重要地位。

（二）精细整地

春播绿豆可在早秋进行深耕（耕深15～25cm），并结合耕地每亩施有机肥1.5～3t。播种前浅耕耙耱保墒，做到疏松适度、地面平整，满足绿豆发芽和生长发育的需要。夏播绿豆多在麦后复播，前茬收获后应及早整地。疏松土壤，清理根茬，掩埋底肥，减少杂草。套种绿豆因受条件限制，无法进行整地，应加强套种作物的中耕管理，为绿豆播种创造条件。

（三）选种

绿豆按株型分为直立、匍匐和半匍匐型品种。为便于田间管理、收获，减少田间鼠害和籽粒霉变，提高产量及产品商品性状，生产上应采用直立型抗逆性强的品种。大面积种植应选择株型紧凑，结荚集中，产量高，好管理，成熟一致，籽粒色泽鲜艳，适于一次性收获的直立型明绿豆。

（四）播种

绿豆的生育期较短，一般在60～90天。可选择春播。绿豆从5月初至6月上旬都可播种，一般在8～9月中旬成熟。小面积播种可选用人工穴播，大面积播种可用机械或耧进行条播。条播每亩用种2.5kg，穴播1.5kg，播深3.3cm，行距50cm，株距17cm。每亩密度以10 000株为基准，春早播应适当稀植，肥水力大的地块宜稀植，晚播或水肥差的地块宜适当密植，但密度应在8 000～15 000株/亩，否则会严重影响产量，出苗后及时间苗、补苗，两片三出复叶展开时及时定苗。

绿豆连茬会造成长势弱、病害严重并影响产量，前茬后最好隔2～3年再种绿豆。注意施好基肥，尤其是磷肥，以保苗肥、苗壮，达到高产、稳产。

（五）田间管理

1. 间苗、定苗

当绿豆出苗后达到两叶一心时，要剔除疙瘩苗、弱苗、小苗、杂苗。4片叶时定苗，株距在13～16cm，单作行距在40cm左右，每亩以1万～1.25万苗为宜。

2. 中耕锄草

绿豆从出苗到开花封垄，一般最少中耕2～3遍，即结合间苗进行第一次浅锄，结合定苗进行第二次中耕，到分枝期进行第三次中耕并进行培土，以利于护根防倒伏和排涝。如与其他作物套种，则应随主作物中耕除草。

3. 肥水管理

绿豆根瘤菌固定的氮只供应绿豆一生需氮总量的40%左右，且其作用主要在中后期，因此，瘠薄地应注意基施N、P、K复合肥。在生长状况较好的情况下可不再追肥，如土壤瘠薄或其他原因造成群体偏小，预计不能封垄的地块，可在初花期追施15%N、P、K复合肥或磷酸二铵10～12.5kg/亩。花荚期结合防治病虫害喷施2%～3%的磷酸二氢钾2～3次，可增加籽粒重，达到增产效果。绿豆二次结荚习性很强，如花荚期遇到自然灾害，及时加强肥水管理也可夺得高产。

绿豆开花结荚期是需肥水高峰期，如果此期遇旱要及时浇水，使土壤保持湿润状态。但往往开花结荚期处在雨季，使茎叶徒长，造成大量落花、落荚，或积水死亡。要及时排水，保证绿豆正常生长。

4. 适时收获

绿豆成熟不一致，当有部分豆荚变干时即应摘荚，每隔7～

10天摘一次，共摘3～4次可全部收完，分批收摘有利于提高产量和品质。大面积栽培可在绝大部分豆荚变干时趁早晨有露水一次收割，带秆放在晒场晾晒。另外，绿豆属于常规品种，如准备留种子，应在成熟前期进行田间人工提纯，去除异型杂株，以保证种子纯度。

二、旱地覆膜丰产栽培技术要点

冀北是一个生态类型多样的地区，全区多为干旱和半干旱的丘陵、半丘陵地区以及山区，雨养农业约占70%，常年降雨350～400mm，且相对集中于七、八月间，春旱是制约该区农业生产特别是春播抓苗难的重要因素。近年来，随着农村经济的全面发展，旱地覆膜技术得到广泛推广，绿豆的旱地覆膜技术是一项成功的农业适用推广技术，一般亩产125～150kg，较不覆膜的增产40～60kg/亩。

（一）播前准备

1. 选地与施肥

地膜绿豆应选择土地较平整、土质中等以上的地块。但绿豆忌连作，它的前茬以禾谷类、马铃薯为最好。一般要求亩施优质农家肥1 500～2 000kg，碳酸氢铵或长效碳铵30～40kg，有条件的可施入尿素3kg、二铵5kg。农家肥应均匀撒开，化肥经混合后随犁施入犁底，农家肥翻入土壤。

2. 品种的选择

应根据市场需求和客户需要，根据地势、土壤肥力选择。目前冀北区大面积种植的品种有鹦哥绿豆、冀绿2号等。

3. 地膜的选择

要选用幅宽70～80mm、厚度为0.005mm的无色透明高压聚乙烯地膜，一般亩用量2.5～3.0kg。

（二）栽培技术

1. 种子处理

将选择好的品种进行筛选去杂，一般亩用量1～1.5kg。若机械播种，可适当加大播种量。

2. 覆膜与播种时间

旱地地膜绿豆种植的地块要根据土壤墒情适时覆膜。在春季墒情差的情况下，应等雨覆膜，等雨时间为5月下旬，雨后及时、迅速地将地膜覆好，从而有效地保证膜内土壤水分减少蒸发。膜覆好后，根据绿豆的生育期和自然特点（播早易受黑绒金龟子危害）适时播种，但最晚不要超过6月10日。

3. 播种质量

播种深度3～4cm，一膜两行，播种孔离膜边10cm，株距18～20cm，小行距30～35cm，大行距70～75cm。采取人工打孔点种，按穴点种，每穴3～4粒，种子必须放在湿土层内。墒情差时要坐水点种，播种孔要压严。大面积绿豆覆膜播种多采用机械播种，用玉米覆膜播种机即可。

4. 放苗

一般播后6～8天出苗，由于绿豆顶土能力较弱，要及时检查。如遇雨播种孔表土板结，要及时打碎土块，引苗放苗，并将苗孔封严，以免水分蒸发。

5. 查苗、补苗、定苗

在幼苗伸展2～3片真叶时，进行间苗、定苗，每穴留2株。地膜绿豆一般不用补苗，如发现缺苗断条，可在邻穴各多留一株，弥补缺苗现象，达到亩保苗1万～1.2万株。

6. 中、后期田间管理

地膜绿豆在温、湿度保障的条件下，分枝较多，为获得较高产量，要适时进行叶面喷肥，以达到增花增结荚、促进籽粒饱满、提高分枝成荚率的目的。可分别在花期前和摘完第一次成熟荚后，亩用磷酸二氢钾 100g 或喷施宝一支进行叶面喷施。

7. 适时收获

地膜绿豆成熟较早，分层成熟，要做到边成熟边收获。覆膜绿豆一般在 8 月上旬第一层荚成熟，8 月下旬第二层荚成熟，9 月上旬下部茎节分枝荚相继成熟，要适时收获。

三、绿豆间套种栽培技术要点

绿豆在冀北主要是和玉米等禾本科作物以及马铃薯间作套种，在冀北春玉米种植区，采用 1.3 ~ 1.4m 宽带，2∶2 栽培组合。4 月中下旬先播种两行玉米，小行距 40 ~ 50cm，株距 30cm，密度 3 000株/亩。一般 5 月上旬播种绿豆，小行距 40 ~ 50cm，株距 15cm，密度 6 000株/亩。大部分地区玉米和绿豆的间作采用 2∶1 种植，即玉米采用大小行种植，在宽行点播一行绿豆。

第四节　适时收获与储藏

绿豆吸湿性强，易发热霉变和受害虫危害。在储藏过程中，主要应防止绿豆变色、变质和发生虫害。绿豆象又称“豆牛子”，繁殖迅速，对绿豆、小豆、豇豆等多种小杂豆危害严重。安全储藏绿豆的关键就是杀除绿豆象。灭虫的最佳时间是绿豆收获后的 10 天内。灭虫处理后的绿豆要隔离储藏，封好库仓，防止外来虫源再度产卵危害。另外，灭虫时绿豆必须晒干。

一、高温处理

1. 日光暴晒

炎夏烈日，地面温度不低于45℃时，将新绿豆薄薄地摊在水泥地面暴晒，每30min翻动1次，使其受热均匀并维持在3h以上，可杀死幼虫。

2. 开水浸烫

把绿豆装入竹篮内，浸在沸腾的开水中，并不停地搅拌，维持1~2min，立即提篮置于冷水中冲洗，然后摊开晾干。

3. 开水蒸豆

把豆粒均匀摊在蒸笼里，以沸水蒸馏5min，取出晾干。由于此法伤害胚芽，故处理后的绿豆不宜留种或生绿豆芽。

以上经高温处理的绿豆色泽稍暗，适宜于家庭存贮的食用绿豆。

对于大批量绿豆可用暴晒密闭存贮法，即将绿豆在炎夏烈日下暴晒5h后，趁热密闭贮存。其原理是仓内高温使豆粒呼吸旺盛，释放大量CO_2，使幼虫缺氧窒息而死。

二、低温处理

1. 利用严冬自然低温冻杀幼虫

选择强寒潮过后的晴冷天气，将绿豆在水泥场上摊成约6~7cm厚的波状薄层，每隔3~4h翻动1次，夜晚架盖高1.5m的棚布，既能防霜浸露浴，又利于辐射降温，经5昼夜以后，除去冻死虫体及杂质，趁冷入仓，关严门窗，即可达到冻死幼虫的目的。

2. 利用电冰箱、冰柜或冷库杀虫

把绿豆装入布袋后，扎紧袋口，置于冷冻室，控制温度在

-10℃以下，经24h即可冻死幼虫。对于其他豆类也可用上述方法处理。

三、药剂处理

1. 磷化铝处理

温度在25℃时，1m^{3}绿豆用磷化铝2片，在密闭条件下熏蒸3~5天，然后再暴晒2天装入囤内，周围填充麦糠，压紧，密闭严实，15天左右杀虫率可达到98%~100%，防治效果最好。这样既能杀虫、杀卵，又不影响绿豆胚芽活性和食用。注意，一定要密封严实，放置干燥处，不要受潮发热，以免出现缺氧走油。

2. 酒精熏蒸

用50g酒精倒入小杯，将小杯放入绿豆桶中，密封好，1周后酒精挥发完就可杀死小虫。

第九章　芸　豆

第一节　概　述

芸豆属矮生或蔓生性一年生草本植物，蝶形花科菜豆属。按茎的生长习性可分为三种类型，即蔓生种菜豆、矮生变种和半蔓生种；按荚果结构分为硬荚芸豆和软荚芸豆；按用途分为荚用种和粒用种；按种皮颜色分为白芸豆、黑芸豆、红芸豆、黄芸豆、花芸豆五大类。矮生芸豆又称为云豆、地芸豆、四季豆、芸扁豆；蔓生菜豆又称为架豆、架芸豆、豆角。

芸豆原产地在中南美洲，栽培技术大约在16世纪传入我国。芸豆是世界上栽培面积仅次于大豆的食用豆类作物，几乎遍布世界各大洲，种植面积264.7万 hm^2，占整个食用豆类种植总面积的38.3%；总产量1 629.4万 t，占整个食用豆类总产量的27.4%。黑龙江是我国出产芸豆品种、数量最多的省份，年产量达30万 t。河北省产地集中在北部，其中，张家口地区的怀安、阳原、涿鹿、蔚县等地产黄芸豆2 000t左右；坝上地区的张北、康保、沽源等地出产坝上红芸豆1万 t以上，并有少量深红芸豆。

第二节　主要优良品种介绍

一、坝上红芸豆

该品种由中国食品土畜进出口商会引进，并在河北、山西及内蒙古相邻地区示范推广，中熟，半蔓生型，生育期98天左右，株高90～95cm，主茎分枝3～4个，单株荚数10～11个，籽粒紫红色，扁圆形，百粒重37～38g，粗蛋白含量23.35%，脂肪含量2.04%，粗淀粉含量47.4%，平均单产120kg/亩，最高单产270kg/亩。

二、英国红

该品种自国外引进。该品种生育日数90～95天，株高45～50cm，主茎分枝2～4个，单株荚数15～20个，籽粒红色，肾形，百粒重45g左右。该品种适应性强，抗病、丰产性好，一般产量为150kg/亩。

三、张芸4号

该品种春播生育日数101天，株型紧凑，直立生长，株高88.8cm，幼茎绿色，叶片卵圆形，花白色，成熟茎绿，成熟一致，不裂荚，成熟荚黄白色，籽粒种皮红色有光泽，百粒重30.1g。耐瘠薄，抗病性强，增产潜力大，产量水平高，平均亩产180.2kg，适宜河北坝上及类似生态区种植。

四、G0517

该品种又称红腰子豆，生育期约100天，株高50～60cm，主茎分枝4～6个，单株荚数25～30个，百粒重50g左右。生长势强，比较抗病，籽粒性状符合外贸出口标准。适宜在黑龙江、内蒙古、河北、山西、甘肃等地区推广种植。

五、G0381

该品种自国际热带农业研究中心引进，红腰子豆，生育期95天左右，株高40～50cm，主茎分枝2～3个，单株荚数5～10个，百粒重约60g，适应性广，生长势强，可供外贸出口。适宜在黑龙江、内蒙古、河北、山西、甘肃、云南等地区推广种植。

六、北京小黑芸豆

该品种为粒用黑芸豆，生育期95天左右，株高约60cm，主茎分枝4～6个，单株荚数5～10个，百粒重21g左右。适应性广，抗病，株型紧凑，丰产。适宜在内蒙古、山西、河北等地区推广种植。

第三节　高产栽培技术

一、优质高产栽培技术

（一）播种时期

芸豆从播种到开花所需积温矮生种约700～800℃/日，蔓生种约860～1 150℃/日，芸豆是喜温性蔬菜，须在无霜期内栽培，夏季高温多雨条件下不利开花结荚，栽培适宜的月均温度为10～25℃。春季播种时，西北在4月上旬至4月下旬、华北在4月中旬至5月中旬、东北在4月下旬至5月上旬，矮生菜豆可比蔓生种早播几天。过早播种，地温低，发芽慢，甚至烂籽造成缺苗断垄或使幼苗受霜冻；播种过晚，出苗虽快，但影响早熟，产量也低。秋架豆播期以在下霜前100天左右播种为宜，矮生种比蔓生种晚播10多天。

（二）选地作畦

选土层深厚、排水、通透性良好的沙壤土栽培为好。连作、与豆科作物连作生长发育不良，易发病，以2～3年轮作为宜。秋菜收获后及时深翻，春季化冻后进行耙地，可改善土壤耕作层的理化性状，提高地温。每亩用1 000～2 500kg有机肥和磷酸二铵或撒可富15kg作基肥。基肥必须充分发酵腐熟，以防地蛆为害。

作畦方式，一般为平畦栽培，土壤要细，畦面宜平，畦宽1～1.2m、畦长8～13m，早熟栽培或低湿盐碱地可用高垄。

（三）选种播种

1. 选种

选用粒大、饱满、无病虫的新鲜种子，晒1～2天播种。

2. 播种

蔓生芸豆开沟条播或穴播，矮生芸豆多数为穴播。蔓生芸豆行距50～60cm，穴距16～26cm，每穴播4～6粒，每亩用种4～6kg；矮生芸豆行距33～40cm，穴距16～28cm，每穴3～6粒，每亩用种5～8kg。播后覆土，在播种沟上堆成一个小土埂保墒增温，过4～5天后临出苗前及时耙平土埂，以利出苗。

（四）田间管理

1. 查苗补苗

在适宜环境条件下，芸豆从播种至第一对真叶微露约需10天左右，出现基生叶时就应查苗补苗。

2. 浇水

水分是芸豆生长发育很重要的环境条件之一，但若浇水不当又很容易产生茎叶生长和开花结果间争夺养分的矛盾而致落花落荚，降低产量。在水分管理上应掌握“干花湿荚”的原则，苗期以营养生长为主，宜控制水分，中耕2~3次，提高地温。定植后轻浇一次缓苗水，然后中耕细锄。

初开花期不浇水，因为如果这时供水多会使植株营养生长过旺、消耗养分多，致使花蕾得不到足够的营养而不能完全发育或开花，造成落花落荚。若土壤和空气过于干旱，临开花前浇一次小水，若墒情良好，一直蹲苗到坐荚。矮生芸豆生长发育快，蹲苗期宜短。

坐荚以后，芸豆植株逐渐进入旺盛生长期，既长茎叶，又陆续开花结果，需要很多的水分和养分。待幼荚长3~4cm时开始浇水。结荚初期5~7天浇一水，以后逐渐加大浇水量，使土壤水分稳定，保持田间持水量的60%~70%。

3. 开花结荚期追肥

芸豆对氮、磷、钾、钙等元素的吸收量，随着苗期、开花结荚初期、嫩荚采收期的顺序逐次增加，蔓生种比矮生种需肥量大，施肥次数也应多。开花后结荚期应施2~3次追肥，氮、磷、钾肥配合施用。芸豆后期根瘤萎缩逐渐丧失固氮能力，此时若缺水脱肥，植株就会败秧，因此要加强水肥管理。一般采用0.4%的磷酸二氢钾或0.5%的尿素作根外追肥喷洒，效果显著。

4. 采收

春播芸豆从播种到豆荚初采收矮生种50~60天，收获期一个月，蔓生种65~80天，可连续采收两个月左右。芸豆开花后经10~15天达食用成熟度，成熟标准为荚由细变粗，色由绿变白绿，豆粒略显，荚大而嫩。及时采收既可保证豆荚品质鲜嫩，又能减轻植株负担，促使其他花朵开花结荚，减少落花落荚和延长采收期。结荚前期和后期2~4天采收一次，结荚盛期1~2天采一次。

豆用芸豆一般当80%的荚由绿变黄，籽粒含水量为40%左右时，开始收获。收获后的籽粒应及时晾晒或机械干燥，对刚收获的种子，最好先人工晾晒，当籽粒含水量降至18%以下时，再用烘干机械干燥，使籽粒含水量降至18%以下。因为当籽粒含水量高时，机械干燥易导致籽粒皱缩，种皮破裂，发芽率下降。如果籽粒含水量在25%以上，干燥温度不能高于27℃；含水量低时，温度可以高一些，但也不能超过32℃。另外，收获白粒芸豆时，要特别注意避开雨水，沾雨籽粒变污变黑无光泽，品质明显下降，蔓生芸豆要分次收获。

（五）落花落荚的防止措施

芸豆的花芽分化数量大，蔓生种每株能开10~20个花序，每花序生花4~10朵，但结荚率仅占花芽分化数的4.5%~10.8%、占开花数的20%~35%。可见，其增产潜力很大。影响芸豆落花落荚的因素主要有温度、光照、湿度、养分等。如春芸豆早期花芽分化和开花期遇低温或夏季遇高温，尤其是高夜温，夜温在25℃以上，便会造成蕾期分化不完全，不能开放。温度低于10℃，花芽的发育所受影响与高温时相似。开花期遇雨季，湿度过大，花粉不能破裂散出或被雨水淋溶不能受精。芸豆对光照强度的反应很敏感，尤其是花芽分化后，因光照强度弱或因栽培条件差，植株开花结荚数减少，落花落荚数增多。防止落花落荚的措施是把芸豆的生育期安排在温度适宜的月份内栽培，避免或减轻高温和低温为害。栽培密度合理，改善光照条件，及时采收嫩荚，施完全肥料，氮、磷、钾合理配合使用。苗期和开花初期以中耕保墒为主，另外喷施萘乙酸（NAA）5～20mg/L 在开花的花序上，可减少落花，增加结荚率。

二、无公害栽培技术要点

（一）土地选择和准备

要选择土层深厚、有机质较多、排水通气良好的中性壤土或沙壤土。选择上年未种过芸豆而排水良好的地块，最好是冬闲地。冬前深耕，耕深 15～20cm，晒垡。翻耕前施足基肥，亩施优质有机肥 1 500kg，过磷酸钙 30kg 或磷酸二铵 15kg、氯化钾 10kg。若采用地膜覆盖栽培，基肥应适当增加。

（二）播种育苗

芸豆的栽培季节应以避开霜季和不在最炎热时期开花结荚为原则。播种前将芸豆种子晾晒 1～2 天后，放于福尔马林溶液中淘洗 20min，用清水漂净，再置温水中浸泡3～4h，取出沥干，播种。也可用种子播量的 0.3% 福美双拌种后播种。每穴种子 3 粒，播时浇足底水，上覆 5cm 细土，然后盖地膜保温，床温保持在 18～20℃，发芽出土后及时揭去地膜。如有寒潮侵袭时，还要盖草帘。一星期左右长出真叶后，白天一般不盖棚，以防幼苗徒长。定植前 2～3 天，夜间也不盖棚，以锻炼幼苗。苗龄 15～20 天即可定植。

早春芸豆也可采用大田地膜覆盖栽培。地膜覆盖可以提高土温，促进早熟。直播时，如果土地干旱，要提前 4～5 天浇水造墒。蔓生种直播行距 50～60cm、株距 30～40cm；穴播，株距小的每穴播种 3～4 粒，最后留苗 2 株；株距大的每穴播 4～5 粒，最后留苗 3 株。每亩苗数 0.8 万～1.0 万株。矮生种行距为

37～46cm，株距33cm。每穴播种3～4粒，最后留苗2株，每亩苗数1.7万～2.4万株。用种量蔓生种每亩2.5～3kg，矮生种3.5～5.0kg。

（三）田间管理

1. 及时间苗、补苗

当芸豆长出第一对初生叶时，要及时查苗、间苗及补苗。幼苗期间苗1～2次，第一对初生叶受损伤或脱落的苗以及弱苗、畸形苗、丛生苗都必须去掉。在播种时要在田边角播上一些备用或营养钵育苗，以作补苗之用。

2. 中耕松土

在封垄前都要勤中耕松土，尤其是在苗期及定植后，中耕松土能保墒和提高地温，促早发棵。封垄后一般不再中耕。

3. 追肥

应本着花前少施、花后多施、结荚盛期重施的原则进行追肥。施用氮肥苗期宜少量、抽蔓至初花期要适量，但要视植株生长情况而定。生长势旺，氮肥施用要控制，开花结荚以后氮、磷、钾要适当配合，使钾多于氮。开花后用0.3%磷酸二氢钾、0.1%硼砂、0.3%钼酸铵混合液进行根外喷施，每隔7～10天喷一次，连喷2～3次，其增产效果显著。

4. 浇水

除播种时浇足底水外，苗期一般不浇水。定植时浇压根水一次，3～4天后再浇一次缓苗水。而后至第一花序结荚前不浇或少浇水。盛花期则需要勤浇水，直至采收结束，都要保持土壤湿润。

5. 及时搭架

蔓生芸豆“吐藤”时要及时搭架。架的形式有人字形架、倒人字形架和四角形架，其中以人字形架为好。架要搭得高、搭得牢，防止塌架。架搭好后，及时把蔓绕在架上。

（四）适时采收。

三、日光温室无公害栽培技术要点

（一）育苗

多用营养方育苗，可在苗畦内切方育苗，也可在塑料钵（袋）育苗。播种时，选用大粒饱满的种子，直接播于营养方内，也可在播前将种子用50%的多菌灵可湿性粉剂按种子量的0.5%拌种，或用40%的多硫悬浮物50倍液浸种2～3h后用清水洗净，催芽后再播种。播前将土壤浇透水，以保证出苗的足够水分。

苗期管理：芸豆播种后，若环境适宜，2～3天内就可出苗，4～6天子叶即可展开。这时应降低温度以防幼苗徒长。定植前10天左右，要进行低温炼苗。经过锻炼的健壮幼苗在定植时的苗态为株丛矮壮，叶色浓绿，节粗叶柄短。苗期各阶段温度控制如表9－1所示。

表9－1 苗期温度控制

时期	播种—齐苗	齐苗—炼苗前	炼苗
白天温度/℃	20～25	18～22	16～18
夜间稳定/℃	12～15	10～13	6～10

（二）定植

1. 定植前的准备

在定植前20～25天应提早浇足水，施腐熟的农家肥

3 000～5 000kg/亩、过磷酸钙 30～40kg/亩、草木灰 100kg/亩。将这些基肥一半全面撒施，耕翻入土，另一半按55～60cm 的行距开沟施入，沟深 10～15cm，使肥土混匀后顺沟浇足底水，填土起垄，垄高 18cm，上宽 12cm。

2. 定植时期和定植密度

芸豆定植时苗龄不可过大，当幼苗具有 2 片子叶时即可定植，当幼苗具有 1～2 片真叶，未甩蔓时要及时定植。因为小苗移栽伤根少，定植后缓苗快，故主张用小苗定植。

定植密度要合理，不宜过大，但为了丰产，也不宜过稀。矮生种每穴 3～4 株，定植 4 500～5 000穴亩，蔓生种酌减。

（三）播后管理

1. 温度管理

播后白天维持在 20℃为宜，超过 25℃放风，夜间气温要保持在 15℃以上，早晨不能低于 10℃，过低时要加保温设备草帘等。芸豆缓苗期及开花结荚期适宜温度管理如表 9－2 所示。

表 9－2　缓苗期及开花结荚期温度控制

时期	缓苗期	开花结荚期
白天温度/℃	20～25	25 左右
夜间稳定/℃	12～18	>15

2. 施肥浇水

总体要掌握“苗期少，抽蔓期控，结荚期促”的原则。出苗后视土壤墒情浇一次齐苗水。以后适当控水，长有 3～4 片真叶时，蔓生品种插架时浇一次抽蔓水，追施硝酸铵 15～20kg/亩，以促进抽蔓、扩大营养面积。以后直到开花前为蹲苗，控水控肥，使之由营养生长向生殖生长发展，但要防止水肥过多影响根系生长、落花落荚、跑空秧子。

第一花序开放期是营养生长过渡的转折期，不能浇水，第一花序开放后，转入对肥水需求的旺盛期。一般第一花序幼荚伸出后可结束蹲苗浇头水，以后浇水量逐渐加大（但不能浸过种植垄），保持土壤相对湿度在60%～70%。每采收一次浇一次水，但要避开盛花期。浇两次水追一次肥，每次用硝酸铵15～20kg/亩，顺水将化肥冲入。

3. 植株调整

蔓生品种长有4～8片叶开始抽蔓时进行插架。秧子长到离前屋面薄膜20cm左右时摘心。结果后期，要及时打去下部病老黄叶，改善下部通透条件，促使侧枝萌发和潜伏花芽开花结荚。

4. 适时采收。

四、马铃薯——坝上红芸豆套种模式

（一）适宜地区

该模式适合坝上及周边内蒙古地区种植。

（二）茬口安排

4月底5月初播种马铃薯，5月中下旬点播坝上红芸豆。

（三）栽培管理

1. 马铃薯

选用中早熟、植株较小的马铃薯品种，如费无瑞它、大西洋、夏坡蒂等。如果选用2191和坝薯10号，因植株高大影响坝上红芸豆生长，播前施足底肥，亩施优质有机肥4 500～5 000kg、撒可富50kg，于5月10日前播种马铃薯，亩株数在4 000株左右，行距55cm、株距30cm，亩产量一般在1 200～1 500kg。

2. 坝上红芸豆

5月下旬点播坝上红芸豆，行距2m，穴距55cm，坝上红芸豆行的方向与马铃薯行垂直，点播时每穴3~4粒，8月底收获，亩产量一般为75~90kg。

第四节　适时收获与储藏

为保证芸豆籽粒的质量和色泽，脱粒后不要在阳光下暴晒，要放在麻袋内、库内或苫布下阴干，然后贮于仓库内。干燥后的籽粒在进库储藏之前，要进行清选和分级，带病、带虫籽粒不能进库。芸豆籽粒进库之前还要用磷化铝熏蒸，如果仓库容积较小，又能密封，在库中熏蒸即可；如果仓库较大，应分批熏蒸后再入库。

储藏种子允许的含水量，因各地气候条件不同而有所变化。在南方各省，温湿度较高，储藏种子含水量不能超过11%；北方各省干旱少雨，库中通风良好，种子含水量允许为13%；在北京地区，常温下储藏，种子含水量为13%，3~5年内能保持70%左右的发芽率。

芸豆在我国的食用途径很多，包括嫩荚和籽粒食用两类。鲜嫩荚可作蔬菜食用，也可脱水或制罐头；作为粒用可与大、小米混合食用，可增加植物蛋白的摄取量；还可制作休闲与风味食品，如芸豆糕、芸豆饼、芸豆豆瓣酱、腊八粥、芸豆沙拉等。

第十章　马铃薯高效栽培技术

第一节　概　述

马铃薯，又名土豆、荷兰薯、洋芋、山药蛋等，为茄科茄属一年生草本，是茄科茄属中能形成地下块茎的植物。食用器官是块茎，具有营养丰富、高产高效、生育期短、粮菜兼用的特点。

第二节　主要优良品种介绍

一、陇薯3号

品种来源：该品种是甘肃省农业科学院粮食作物研究所育成的高淀粉马铃薯新品种，1995年通过甘肃省农作物品种审定委员会审定，2002年4月获甘肃省科技进步二等奖。

特征特性：该品种中晚熟，生育期（出苗至成熟）110天左右。株型半直立较紧凑，株高60~70cm。茎绿色、叶片深绿色，花冠白色，天然偶尔结实。薯块扁圆或椭圆形，大而整齐，黄皮黄肉，芽眼较浅并呈淡紫红色。结薯集中，单株结薯5~7块，大中薯重率90%以上。块茎休眠期长，耐储藏。品质优良，薯块干物质含量24.10%~30.66%，淀粉含量20.09%~

24.25%，维生素 C 含量20.2～26.88mg/100g，粗蛋白质含量1.78%～1.88%，还原糖含量0.13%～0.18%，食用口感好，有香味。特别是淀粉含量比一般中晚熟品种高出3～5个百分点，十分适宜淀粉加工。抗病性强，高抗晚疫病，对花叶、卷叶病毒病具有田间抗性。

二、陇薯4号

品种来源：该品种系甘肃省农业科学院作物秘选育。

特征特性：株高70～80cm，株型较平展，茎绿色，复叶大，叶色深绿，花冠浅紫色，天然结实性差。块茎圆形，芽眼年较浅，黄皮黄肉，表皮粗糙，块茎大而整齐，结薯集中，休眠期长，耐储藏。晚熟，生育期115天以上，淀粉含量16%～17%，适宜鲜食和平共加工。植株高抗晚病，抗旱耐瘠薄。

费乌瑞它：该品种由荷兰引进，经组织养繁育而成。推广种植表明该品种在陕西有很好的商品适应性和品种优势，是当前理想的双季、高产早熟品种。株高50cm左右，直立型，薯块椭圆形，黄皮黄肉，表皮光滑，薯块大而整齐，芽眼浅平。肉质脆嫩，品质好。结薯早而集中，商品率高。从出苗到收获60天左右，休眠期短。春薯覆膜栽培可提早于5月中下旬上市，宜双季栽培。块茎结薯浅、对光敏感，应适当培土，以免块茎膨大露出地面绿化，影响品质。春播一般亩产1 500～2 000kg，高的可达2 500kg以上。薯块大而整齐，受市场欢迎，面向南方市场及东南亚出口有广阔前景。

三、中薯3号

该品种是中国农业科学研究院蔬菜花卉研究所育成的早熟品种，出苗后生育日数67天左右。株型直立，株高50cm左右，单株主茎数 3 个左右，茎绿色，叶绿色，茸毛少，叶缘波状。花序总梗绿色，花冠白色，雄蕊橙黄色，柱头 3 裂，天然结实。块茎椭圆形，淡黄皮淡黄肉，表皮光滑，芽眼少而浅，单株结薯 5.6 个，商品薯率 80% ~90%。幼苗生长势强，枝叶繁茂，匍匐茎短，日照长度反应不敏感，块茎休眠期 60 天左右，耐储藏。田间表现抗花叶病毒病，不抗晚疫病。室内接种鉴定：抗轻花叶病毒病，中抗重花叶病毒病，不抗晚疫病。块茎品质：干物质含量 19.1%，粗淀粉含量 12.7%，还原糖含量 0.29%，粗蛋白含量 2.06%，维生素 C 含量 21.1mg/100g 鲜薯，蒸食品质优。

四、中薯 4 号

该品种由中国农业科学院蔬菜花卉研究所育成。属早熟、优质、炸片型马铃薯新品种。株形直立，分枝少，株高 55cm 左右，茎绿色，基部呈淡紫色。叶深绿色，复叶挺拔，大小中等，叶缘平展。花冠白色，能天然结实，极早熟，从出苗至收获 60 天左右。块茎长圆形，皮肉淡黄色，薯块大而整齐，结薯集中，芽眼少而浅，食味好，适于炸片和鲜薯食用。休眠期短，植株较抗晚疫病，抗马铃薯 X 病毒和 Y 病毒，生长后期经感卷叶病、抗疮痂病，种性退化慢。一般亩产 1 500 ~2 000kg。

夏波蒂：薯块长形，白皮，白肉，也适合炸条，现为美国和加拿大等国的主栽品种之一。其缺点是不抗晚疫病，抗退化性差。经民乐县试验示范，平均亩产量 1 420kg，最高产量达 3 000kg。

五、张引薯 1 号

特早熟品种，由甘肃省张掖市农业科学院引进，植株直立，分枝少，茎紫色，生长势强，叶色绿色。株高60cm左右，花蓝紫色。薯形长椭圆形，黄皮黄肉，表皮光滑，块茎大而整齐，芽眼少而浅，结薯集中，喜肥水。极早熟，生育期70天，休眠期短，耐贮存，淀粉含量15%左右，适宜鲜食。亩产量2 000～3 000kg，适应在川区地膜种植。适宜密植，每亩理论株数5 500～6 100株。

六、渭薯8号

该品种由高台县农技站从渭源五竹良种繁育协会引进。经试验示范，表现生长势强，个大、产量高，平均亩产3 600kg以上，适宜沿山冷凉灌区种植。

9408－10：陕西省农业科学院马铃薯育种组进行有性杂交选育而成，由高台县农技站引进试验。品种具有高抗病毒、高抗晚疫病、抗旱性强、高产等特点，属中晚熟品种，株高80～90cm，薯块椭圆形，一般亩产3 500～5 000kg。

克新6号：由甘州区农技中心引进试验。该品种为晚熟品种，生育期150天，平均亩产量2 600kg，适宜在沿山马铃薯主产区大面积推广种植。

七、郑薯6号

品种来源：原系谱号“8424混4”，郑州蔬菜所以“高原7号”为母本，“郑762－93”作父本杂交育成。1993年通过河南省农作物品种审定委员会审定。

植物学特征：株型直立，分枝2～3个，株高约60cm。茎粗壮绿色，复叶大绿色，侧小叶4对，生长势强。花冠白色，能天然结浆果。块茎椭圆形，表皮光滑，黄皮黄肉，芽眼浅而稀。结薯集中，单株结薯3～4个，块大而整齐，产品率高。

生物学特性：早熟，生育期65～70天，休眠期约45天，耐储性较好。品质优适合鲜食。块茎干物质20.35%，淀粉14.66%，粗蛋白质2.25%，维生素C含量13.62mg/100g，还原糖0.177%。田间植株无皱缩花叶，较抗花叶病毒、茶黄螨、疮痂病及霜冻，轻感卷叶病毒和晚疫病，病毒性退化轻。春季一般亩产2 000～2 500kg，秋季亩产1 500kg。

栽培要点：喜肥水，产量潜力大。要求地力中上等，加强前期肥水管理。亩保苗4 000～5 000株。

综合性状优良，丰产。大薯率及整齐度高，商品性好，鲜薯出口达到国家一极标准。结薯期浇水应在早晚地温较低时进行，以防裂薯。

适宜范围：中原二作区。

八、早大白

该品种早熟、抗病、高产，并具有薯块大而整齐、白皮白肉，商品性好的突出特点，故报辽宁省农作物品种审定委员会命名为“早大白”。“早大白”芽子壮、出苗快，前期生长迅速，一般栽培播后85天成熟；结薯集中、整齐，薯块膨大快，播后75天大中薯比例（商品率）达80%以上。覆膜栽培，播后65天成熟，早上市产值高，早倒茬提高复种效益。

栽培要点：该品种一般栽培亩产2 000kg左右，大中薯比例（商品率）达93.2%；覆膜早收亩产1 500kg，大中薯比例达85%以上。

九、中薯3号

株型直立，分枝少，株高55～60cm。茎绿色，复叶大，侧小叶4对，茸毛少，叶缘波状。花序总梗绿色。花冠白色，雄蕊橙黄色，柱头3裂，能天然结实。匍匐茎短，结薯集中，单株结薯数4~5个。具有早熟、丰产、抗病性强，商品性好等特点。春播从出苗至收获65~70天，一般每亩产1 500~2 000kg，大中薯率达90%，薯块大，较整齐，薯皮光滑，芽眼浅。田间表现抗重花叶病毒，较抗普通花叶病毒和卷叶病毒，不感疮痂病。夏季休眠期60天左右，适于二季作区春、秋两季栽培和一季作区早熟栽培。

十、东农303

株型直立，株高45cm左右。茎绿色，分枝数中等。叶浅绿色，茸毛少，复叶较大，叶缘平展侧小叶4对。花序梗绿色，花柄节无色，花冠白色，无重瓣，大小中等，雄蕊淡黄绿色，柱头无裂，不能天然结实。块茎扁卵圆形，黄皮黄肉，块茎表皮光滑，薯块中等大小，较整齐，芽眼多而浅，结薯集中。生育期从出苗至成熟50~60天。品质较好，干物质含量22.5%，淀粉13.1%~14.0%，还原糖含量0.03%，维生素C 14.2mg/100g鲜薯淀粉质量好，适于食品加工。耐涝性强，植株中感晚疫病，块茎抗病、抗环腐病，高抗花叶，轻感卷叶病毒病，耐束顶病。一般亩产约1 500~2 000kg。高产者可达3 500kg。

第三节　高产栽培技术

根据上市时间不同，可以采用不同的栽培模式进行生产，现分别将各自的栽培技术介绍如下。

一、多层覆盖高效栽培技术

马铃薯生长发育需要较冷凉的气候条件。10cm 地温

7～8℃，幼芽即可生长；幼苗可耐短时－2℃气温，即使幼苗受到冻害，部分茎叶枯死、变黑，但在气温回升后还能从节部发出新的茎叶，继续生长；茎叶生长最适宜的温度为21℃；地下部块茎形成与膨大最适宜温度17～18℃，超过20℃生长渐慢。

滕州市属于典型的暖温带季风大陆性气候，四季分明，雨热同期。年平均气温为13.6℃，年平均地温为16.3℃。月平均气温以1月最低，一般在－1.8℃，7月份最高，一般在26.9℃。最高气温≥35℃的炎热天气一般开始于5月中旬，终止于9月下旬，以7月出现最多；日最低气温≤－10℃的严寒期一般终止于2月上旬。降水量多年平均为801mm，年内降雨多集中于6～9月，占全年降水量的71.66%，7～8月占49.15%。

拱棚农膜覆盖早期可以提高地温、气温，有利于提早播种。利用拱棚进行早春马铃薯栽培，可以适当提早播期，适当早收获，以避开高温、高湿季节，同时，使马铃薯块茎膨大期处于凉爽、干燥、昼夜温差大的时间段，产量高，品质好。

该种植模式已被滕州市农民广泛接受，2011年全市春季马铃薯栽培面积在48万亩，其中，多层覆盖栽培面积达33万亩，占总面积的72.9%，较2010年增加5万亩。

（一）选用优良品种和高质量的脱毒种薯

①根据二季作区的气候特点，应选用结薯早、块茎膨大快、休眠期短、高产、优质、抗病、适应市场需求的早熟品种，如荷兰15、鲁引1号、荷兰7、费乌瑞它等。

②马铃薯种薯对马铃薯产量的贡献率可达60%左右。

③脱毒种薯出苗早、植株健壮、叶片肥大、根系发达、抗逆性强、增产潜力大。二代、三代的脱毒种薯在产量及抗逆性上均表现最好。

④马铃薯是无性繁殖作物，在挑选种薯时应剔除病薯、烂薯、畸形薯。

（二）精耕细作

①选择土壤肥沃、地势平坦、排灌方便、耕作层深厚、土质疏松的沙壤土或壤土。前茬避免黄姜、大白菜、茄科等作物，以减轻病害的发生。

②前茬作物收获后，及时清洁田园，将病叶、病株带离田间处理，冬前深耕25～30cm左右，使土壤冻垡、风化，以接纳雨雪，冻死越冬害虫。

③立春前后播种时及早耕耙，达到耕层细碎无坷垃、田面平整无根茬，做到上平下实。

（三）催芽播种，保证全苗

①播种前30～35天切块后催芽。

②催芽前将种薯置于温暖有阳光的地方晒种2～3天，同时，剔除病薯、烂薯。

③切块时充分利用顶端优势。先将种薯脐部切掉不用，将带顶芽50g以下的种薯，可自顶部纵切为二；50g以上的大薯，应自基部顺螺旋状芽眼向顶部切块，到顶部时，纵切3～4块，可与基部切块分开存放，分开催芽、播种，可保证出苗整齐。

④晾干刀口后放在温度为18～20℃的阳畦内采用层积法催芽，也可放在温暖地方催芽。

⑤待芽长到2cm左右时，放在散射光下晾晒，芽绿化变粗后即可播种。

（四）药剂拌种，防虫防病

①通过药剂拌种可以很好的预防苗期黑痣病、干腐病、茎基腐。同时，能预防苗期蚜虫以及地下害虫蛴螬、金针虫的

为害。

②3 种常用配方

配方一：扑海因 50ml + 高巧 20ml/100kg 种薯。即将 50g 扑海因 50% 悬浮剂混合高巧 60% 悬浮种衣剂 20ml 加到 1L 水中摇均匀后喷到 100kg 种薯上，晾干后切块。

配方二：安泰生 100g + 高巧 20ml/100kg 种薯。方法同上。

配方三：适乐时 100ml + 硫酸链霉素 5 ~ 7g/100kg 种薯。方法同上。

（五）适期播种

①马铃薯播种时应做到适期播种，使薯块膨大期处在气候最适合的时间段，以获取最大产量。

②长期实践证明，滕州地区二膜覆盖的适播期在 2 月中旬，三膜覆盖的适播期在 1 月下旬至 2 月上旬。

（六）宽行大垄栽培

①实行健康栽培，改善通风状况。

②宽行大垄栽培：一垄双行，垄距由原来的 70cm 加宽到 75 ~ 80cm，亩定植 5 000 ~ 5 500株；一垄单行，垄距由原来的 60cm 加宽到 70cm，亩定植 4 500 ~ 5 000株。

③大垄栽培：培大垄，减少青头，增加产量。

（七）测土配方，均衡营养

①过多施用化肥造成成本增加、土壤板结、次生盐渍化、污染环境、品质下降。

②测土配方施肥是在土壤营养状况、目标产量、马铃薯需肥特性提出来的。

③测土配方施肥重施有机肥，培肥地力，增施钾肥，提高产量，氮磷钾配合、补施微肥，提高品质。

④中等地力水平、亩产4 000kg马铃薯地块，需亩施商品有机肥200kg、氮磷钾复合肥（15：10：20或15：12：18）150kg、硫酸锌1.2kg、硼酸1kg。

（八）加强田间管理

①及时破膜：播种后20～25天马铃薯苗陆续顶膜，应在晴天下午及时破孔放苗，并用细土将破膜孔掩盖。防止苗受热害。

②加强拱棚温度管理：拱棚内保持白天20～26℃，夜间12～14℃。经常擦拭农膜，保持最大进光量。随外界温度的升高，逐步加大通风量，当外界最低气温在10℃以上时可撤膜，鲁南地区可在4月中旬左右。早期温度低，以提高地温为主。通风的时间长短、通风口的大小由棚内温度决定。

③三膜覆盖中内二膜出苗前不必揭开。出苗后应早揭、晚盖。只要外界最低气温在0℃以上夜间就可以不盖。

④适当浇水：马铃薯的灌溉应是在整个生育期间，均匀而充足的供给水分，使土壤耕作层始终保持湿润状态。掌握小水勤灌的原则，切忌不宜大水漫灌过垄面，以免造成土壤板结，影响产量。

要注意3点：一是要做好大棚管理，包括温度控制、通风管理、光照管理；二是塑料中拱棚双膜覆盖栽培的特殊管理；三是塑料小拱棚栽培的特殊管理。

第一，温度控制。播种后出苗前大棚的主要管理措施都是围绕着提高棚内气温和地温而进行的，可以说，这段时间内大棚内的气温能够达到多高就让它达到多高。有条件的情况下，白天温度不要低于30℃，夜间不要低于20℃。有的地区为了提高保温效果，把大棚周围的薄膜做成夹层，即在大棚四周的里层（约1.5m高）另外附一层旧塑料薄膜，在夹层之间填充适量麦糠。出苗前一般情况下不必进行通风，也不必揭开里面的小拱棚。当出全苗以后，就应该适当降低大棚内的温度。白天保持在28～30℃，夜间保持在15～18℃此外，白天只要外界气温不是太低，都应该及时把棚内的小拱棚揭开，以使植株接受更多的光照。如果夜间外界气温低于－9℃时，就应适当增加保温措施，例如，在大棚四周围一圈草苫进行保温。

第二，通风管理。通风的目的有两个，一是降低棚内的空气湿度，以减少病害发生；二是降低棚内温度。如果棚内潮湿，早晨棚内雾气腾腾的话，就应马上进行通风，浇水后也要进行通风。如果白天棚内温度达到30℃以上，也要进行通风。生产中要特别注意两个极端，其一是不敢通风，生怕棚内温度低影响生长。结果导致植株徒长，同时，引发病害尤其是晚疫病的产生。其二是通风过大，影响植株生长。

第三，光照管理。由于薄膜的覆盖遮光，所以，大棚内光照条件远比露地差，因此，应尽量增加棚内光照。具体做法是，出苗后白天把小拱棚掀开，晚上覆盖，即便是阴雨天气也要掀开小拱棚。此外，应始终保持薄膜清洁。

塑料中拱棚双膜覆盖栽培的特殊管理：中拱棚是介于大棚与小棚中间的一种棚型，高度一般在1.5～1.8m。中拱棚一般采用双膜覆盖栽培形式，即地膜和拱棚膜。由于覆盖物减少，所以播种时间晚于大棚三膜覆盖栽培的。一般每棚栽培4～6垄。

催芽播种时间根据各地气候情况，中拱棚覆盖栽培的播种时间一般在2月初至2月中旬。催芽时间可向前推算20～30天，根据催芽环境条件决定。催芽方法、栽培管理技术措施与大棚栽培相同。

塑料小拱棚栽培的特殊管理：塑料小拱棚覆盖栽培也是采

用地膜覆盖和拱棚覆盖栽培形式。不同的是，由于棚体较小，所以，一般每棚栽植2～3垄马铃薯。小拱棚的播种时间一般在2月中旬，有的地区也可提早到2月上旬，胶东半岛可延迟至2月下旬。小拱棚的栽培管理技术也与大棚类似。

二、阳畦早熟栽培技术

阳畦栽培是中原二季作地区春季常采用的一种早熟栽培技术，也是比较成熟的技术。其应用原理就是利用阳畦的保温性能，达到提前播种、提前收获上市的目的。阳畦栽培的缺点是占地面积较大。阳畦生产的主要目的也是抢季节早上市，因此，生产中主要强调的是一个“早”字，即在适宜的时期内早播种、早收获。阳畦生产的技术要点如下。

（一）建造阳畦

阳畦的规格一般是1.5m×45m，即67.5m^2，应根据土地情况来决定阳畦的大小。阳畦必须是东西走向，因为只有这样才能充分利用太阳光能。阳畦的建造方法与蔬菜育苗阳畦相同，要求后墙高40～50cm，两头打成向南下降的“斜坡”墙。然后将畦内的土下挖3～5cm，堆到畦的南沿，使之形成约10cm的“矮墙”，同时，把畦内整平。

（二）适期播种

播种适期应根据品种的生育期来确定。一般早熟品种从播种到收获90～100天即可，而阳畦薯的适收期是在4月底至5月初。因此，播种期应由此向前推算90～100天，即在1月中旬至2月初。

（三）提早催芽

上年秋季收获的种薯，由于整个储藏期都处于低温的冬季，所以，到播种时仍处于休眠状态。因此，必须先进行催芽，然后播种。催芽方法如下。

1. 催芽时间

催芽时间的早晚，依储藏温度及种薯打破休眠状况而定。储藏温度低，催芽时间应早；温度高，可晚催芽。在一般情况下，应提前25～30天催芽。

2. 催芽

只要能够提前30天左右催芽，一般不需要用赤霉素处理。只需将切好的薯块置于15～20℃的温度下，适当用潮湿麻袋、湿草苫子等保潮或埋在潮湿沙子中即可。需要注意在催芽过程中，薯堆内温度、湿度不能太大，否则易腐烂；在催芽过程中要经常查薯堆，如发现烂块，应及时将其挑出，并将薯堆散开通风。

（四）播种

1. 施肥浇水

阳畦和大棚生产中要求一次性施足基肥，生长期间不再追肥。基肥应以有机肥为主，最好使用沤好的厩肥，因厩肥有利于土壤增温和保温。每个阳畦应施500kg的有机肥。每个阳畦再施5kg三元复合肥、1～2kg尿素、5kg硫酸钾。施肥方法是50%有机肥撒施，另50%与复合肥一起沟施。

由于阳畦生产中，外界气温非常低，所以，不宜进行土壤表面灌水，否则会降低地温，影响出苗。如果播种前土壤不是太干，不要浇大水造墒，而是在播种时开沟浇水，水渗下后播种。

2. 播种密度

阳畦内应采取南北行播种。大行距80cm，在80cm的条带中间开2条浅沟（5~7cm），沟距15 cm，然后在沟内播种。株距30cm，栽培密度为5 500株/亩。

3. 播种方法

播种方法是使幼芽与地面平行，并紧贴地面。一般不要使幼芽垂直向上，这样在覆土时幼芽易按压伤。播种时应注意不要把幼芽碰掉，否则，播种后薯块要重新发芽，造成出苗晚，影响田间整齐性，也不便于管理。

4. 培土

播完种后应立即培土。方法是从每大行的两边向中间培土，最后垄顶宽约30cm。培土厚度以8cm为宜，不可过浅，否则，会影响结薯。

5. 阳畦管理

播种起垄后，首先盖好地膜，以利于保墒、提高地温，降低棚内空气湿度。然后担上竹竿并覆盖薄膜。膜的周围要用土压严。晚上覆盖草苫保温。出苗前的主要管理工作是揭、盖保温覆盖物（草苫、麦秸、玉米秸等都可用作保温材料）。要注意早晨早揭，只要太阳能照到阳畦上，就应揭掉覆盖物，使苗床接受光照；晚上适当早盖覆盖物，以减少阳畦内热量散失。

当开始出苗时（幼苗顶土），注意于晴天中午前后揭开薄膜，将地膜撕开小口，扒出幼苗并将根周围用土封严。此后，应注意保持薄膜清洁，以保证其透光性能好。如果阳畦内气温升高，应注意适当揭膜通风。4月初以后应加大通风量。生长中后期要适当浇水。此外，阳畦内一旦发现蚜虫，就应及时打药防治。

第四节　适时收获与储藏

一、及时收获

秋天霜后或者气温变冷，叶枯茎干，不收会受冻害，要选择晴天，避免雨天收获。

二、收获方法

①除秧。收获前2～4周，用割秧、拉秧、烧秧或化学药剂等方法除秧。

②收获前检修收获农具备用，准备好入窖前的临时预贮场所等。

③收获过程应注意：避免使用工具不当而大量损伤块茎；防止块茎大量遗漏在土中，用机械收或畜力犁收后应再复查或耙地捡净；先收种薯后收商品薯，不同品种分别收获，防止收获时的混杂；收获的薯块要及时运走，不能放在露地，更不能用发病的薯秧遮盖，要防止雨淋和日光暴晒；如果收获时地块较湿，应在装袋和运输储藏前，使薯块表面干燥。

三、安全储藏管理

1. 储藏条件

分级前和长期储藏前将薯块在10～15℃左右的温度下预贮2～3周，预贮场所要宽敞和通风条件好。刚收获的马铃薯堆高不宜超过2m，商品薯要放在暗处，避免见光变绿。在薯皮老化和薯块伤口愈合前应避免分级和运输。预贮后剔除损伤的薯块和石头，清除烂薯、病薯和虫咬薯。

2. 分类储藏

商品薯要在黑暗条件下储藏，若要长期安全储藏，需要2～4℃的低温、相对湿度在85%～90%；种薯必须与商品薯分别储藏，以免病虫害侵染和机械混杂，若长期储藏，温度在2～4℃，相对湿度在85%～90%储藏一个较长的时期，若种薯没有条件低温储藏，应在散射光下储藏，尤其是南方或西南温度较高、湿度较大的地区，一般采用散射光架藏。

3. 储藏窖消毒

新薯入窖前必须把老窖打扫干净，并用喷洒化学药剂消毒灭菌。

4. 控制堆高

地下或半地下窖堆放时，不耐藏的、易发芽的品种堆高为0.5～1m；耐储藏、休眠期中等的品种堆高1.5～2m；耐储藏、休眠期长的品种堆高2～3m，最高不超过3m。但储藏量不能超过全库容积的2/3，最好为1/2左右。

5. 调节温度

地下或半地下常温库储藏时，初期加强空气流通，降低薯堆温度，防止薯堆过热；储藏中期防止外面冷空气进入库内使薯块受冻；储藏后期，即开春后，应防止外界热空气进入库内而增高库内温度，使块茎发芽。

6. 控制湿度

储藏初期库内湿度较大，储藏中后期因库内温度下降，在薯堆上层易出现凝结的小水滴，使库内湿度过大而发生烂窖和早期发芽。在利用自然温度自然通风或强制通风的储藏库内，要通过库门、气眼换气的办法来调节和控制湿度。另外在库温降低时，在薯堆顶部覆盖一层干草或麻袋片等，吸收薯堆内放出的潮气，防止上层薯块霉烂，同时防冻。

7. 通风换气

储藏过程中，必须及时排出二氧化碳，以免引起黑心、降低种薯发芽率、人进库检查时不安全。应尽量减短制冷或通风时间，每天降温一般在0.5～1℃，在空气湿度较小的地区，储藏库内应有与通风设备相连的加湿设备。

四、常见储藏方法及管理

1. 窖藏

井窖或窑窖每窖可贮3 000～3 500kg，不能装得太满，并注意窖口的开闭，棚窖窖顶覆盖层要增厚，窖身加深，以免冻害。窖内薯堆高度不超过1.5m。

2. 通风库

一般堆高不超过2m，堆内设置通风筒。码垛贮放易于管理。薯堆周围都要留有一定空隙以利通风散热。

3. 冷藏

冷库中堆藏也可以装箱堆码。将温度控制在3～5℃，相对湿度85%～90%。

第十一章　粮油作物的病虫害的防治

一、小麦纹枯病

小麦纹枯病分布广泛，我国长江流域和黄淮平原均有发生。重病田在小麦抽穗前后，大量病株死亡，未死的病株，灌浆不满，千粒重显著下降，对产量影响极大。该病菌寄主范围广泛，除小麦外，还有大麦、燕麦、玉米、高粱、谷子、棉花、亚麻、大豆、花生等。

（一）【症状】

主要发生在小麦叶鞘和茎秆上，拔节后症状明显。发病初期，在近地表的叶鞘上产生周围褐色、中央淡褐色至灰白色的梭形病斑，后逐渐扩大扩展至茎秆上且颜色变深，重病株茎基1~2节变黑甚至腐烂，常造成早期死亡。小麦生长中后期，叶鞘上的病斑常形成云纹状花纹，病斑无规则，严重时可包围全叶鞘，使叶鞘及叶片早枯；在病部的叶鞘及茎秆之间，有时可见到一些白色菌丝状物，空气潮湿时上面初期散生土黄色至黄褐色霉状小团，后逐渐变褐；形成圆形或近圆形颗粒状物，即病菌的菌核。

（二）【防治方法】

①选用抗病品种。

②适时适量播种，不要过早播种或播量过大。

③加强管理，合理施肥、浇水和及时中耕，促使麦苗健壮生长和创造不利于纹枯病发生的条件。

④药剂防治于小麦拔节后每 667m^2 用 5% 井冈霉素水剂 100 ~ 150ml 或 15% 粉锈宁粉剂 65 ~ 100g，或 12.5% 烯唑醇可湿性粉剂 60g，兑水 60 ~ 75kg 喷雾（注意尽量将药液喷到麦株茎基部）。

二、小麦全蚀病

小麦全蚀病又称小麦立枯病、黑脚病，是一种检疫性根部病害，是小麦的重要病害之一，对小麦稳产高产威胁很大。全蚀病还是一种具有较大毁灭性的病害，小麦受害后轻者减产 1 ~ 2 成，重者减产 6 ~ 7 成，甚至绝产。田间扩展蔓延，从出现发病中心到造成连片死亡、绝产只需 3 ~ 5 年时间。

（一）【症状】

只侵染麦根和茎基部 1 ~ 2 节。苗期病株矮小，下部黄叶多，种子根和地中茎变成灰黑色，严重时造成麦苗连片枯死。拔节期冬麦病苗返青迟缓、分蘖少，病株根部大部分变黑，在茎基部及叶鞘内侧出现较明显灰黑色菌丝层。抽穗后田间病株成簇或点片状发生早枯白穗，病根变黑，易于拔起。在茎基部表面及叶鞘内布满紧密交织的黑褐色菌丝层，呈“黑脚”状，后颜色加深呈黑膏药状，上密布黑褐色颗粒状子囊壳。该病与小麦其他根腐型病害区别在于种子根和次生根变黑腐败，茎基部生有黑膏药状的菌丝体。

（二）【防治方法】

①禁止从病区引种，防止病害蔓延。

②轮作倒茬实行稻麦轮作或与棉花、烟草、蔬菜等经济作

物轮作，也可改种大豆、油菜、马铃薯等，可明显降低发病率。

③种植耐病品种如百农矮抗58、周麦22号、周麦24号、淮麦22号等。

④增施腐熟有机肥提倡施用酵素菌沤制的堆肥，采用配方施肥技术，增加土壤根际微一态拮抗作用。

⑤药剂防治提倡用种子重量0.2%的2%立克秀拌种，防效90%左右。严重地块用3%苯醚甲环唑悬浮种衣剂（华丹）80ml，对水100～150ml，拌20～25斤（1斤=0.5kg）麦种，晾干后即可播种也可储藏再播种。小麦播种后20～30天，每亩使用15%三唑酮（粉锈宁）可湿性粉剂150～200g对水60L，顺垄喷洒，翌年返青期再喷一次，可有效控制全蚀病为害，并可兼治白粉病和锈病。

三、水稻恶苗病

水稻恶苗病又叫徒长病，俗称“标茅”、“禾公”，是水稻的常见病害，全国各稻区均有发生。一般病株率为1.3%，严重田病穴率可达40%～45%，严重影响水稻的产量。

（一）【症状】

病谷粒播后常不发芽或不能出十。苗期发病病苗比健苗细高，叶片叶鞘细长，叶色淡黄，根系发育不良，部分病苗在移栽前死亡。在枯死苗上有淡红或白色霉粉状物，即病原菌的分生孢子。本田发病节间明显伸长，节部常有弯曲露于叶鞘外，下部茎节逆生多数不定须根，分蘖少或不分蘖。剥开叶鞘，茎秆上有暗褐条斑，剖开病茎可见白色蛛丝状菌丝，以后植株逐渐枯死。病轻的提早抽穗，穗形小而不实。抽穗期谷粒也可受害，严重的变褐，不能结实，颖壳夹缝处生淡红色霉，病轻不表现症状，但内部已有菌丝潜伏。

（二）【防治方法】

①建立无病留种田，选栽抗病品种，避免种植感病品种。

②加强栽培管理，催芽不宜过长，拔秧要尽可能避免损根。做到“五不插”：即不插隔夜秧，不插老龄秧，不插深泥秧，不插烈日秧，不插冷水浸的秧。

③清除病残体，及时拔除病株并销毁，病稻草收获后作燃料或沤制堆肥。

④种子处理，用1%石灰水澄清液浸种，浸种2～3天，水层要高出种子10～15cm，避免直射光。或用2%福尔马林浸闷种3小时，气温高于20℃用闷种法，低于20℃用浸种法；或用40%拌种双可湿性粉剂100g，加少量水溶解后拌稻种50kg；或用50%甲基硫菌灵可湿性粉剂1 000倍液浸种2～3天，每天翻种子2～3次；或用30%甲霜恶霉灵胶悬剂200～250倍液浸种，种子量与药液比为1：（1.5～2），浸种3～5天，早晚各搅拌一次，浸种后带药直播或催芽。必要时要可喷洒38%恶霜菌酯1 000倍液。

（5）药剂防治

发病初期可喷洒38%恶霜菌酯水剂1 000倍液；或甲霜恶霉灵可湿性粉剂800～1 000倍液；或15%恶霉灵药液800倍液。喷雾防治。

四、水稻稻瘟病

稻瘟病又名稻热病，是世界性的重要稻病。同纹枯病、白叶枯病被列为水稻三大病害。该病为通过气流传播的流行病，对水稻生产威胁极大，危害程度因品种、栽培技术以及气候条件不同有差别，一般减产 10% ~20%，局部田块绝收。

（一）【症状】

主要为害叶片、茎秆、穗部。因为害时期、部位不同分为苗瘟、叶瘟、节瘟、穗颈瘟、谷粒瘟。苗瘟发生于三叶前，由种子带菌所致。病苗基部灰黑，上部变褐，卷缩而死，湿度较大时病部产生大量灰黑色霉层，即病原菌分生孢子梗和分生孢子。叶瘟在整个生育期都能发生。分蘖至拔节期为害较重。由于气候条件和品种抗病性不同，病斑分为四种类型。慢性型病斑开始在叶上产生暗绿色小斑，渐扩大为梭菜斑，常有延伸的褐色坏死线。病斑中央灰白色，边缘褐色，外有淡黄色晕圈，叶背有灰色霉层，病斑较多时连片形成不规则大斑，这种病斑发展较慢。急性型病斑在感病品种上形成暗绿色近圆形或椭圆形病斑，叶片两面都产生褐色霉层，条件不适应发病时转变为慢性型病斑。白点型病斑感病的嫩叶发病后，产生白色近圆形小斑，不产生孢子，气候条件利其扩展时，可转为急性型病斑。褐点型病斑多在高抗品种或老叶上，产生针尖大小的褐点只产生于叶脉间，较少产孢，该病在叶舌、叶耳、叶枕等部位也可发病。节温常在抽穗后发生，初在稻节上产生褐色小点，后渐绕节扩展，使病部变黑，易折断。发生早的形成枯白穗。仅在一侧发生的造成茎秆弯曲。穗颈瘟初形成褐色小点，放展后使穗颈部变褐，也造成枯白穗。发病晚的造成秕谷。枝梗或穗轴受害造成小穗不实。谷粒瘟产生褐色椭圆形或不规则斑，可使稻谷变黑。有的颖壳无症状，护颖受害变褐，使种子带菌。

（二）【防治方法】

①因地制宜选用 2 ~3 个适合当地抗病品种，如早稻有：早 58、湘早籼 3 号、21 号、22 号，86 -44，87 -156 等。

②无病田留种，处理病稻草，消灭菌源。

③按水稻需肥规律，采用配方施肥技术，后期做到干湿交替，促进稻叶老熟，增强抗病力。

④种子处理。用56℃温汤浸种5分钟。用10%401抗菌剂1 000倍液或80%402抗菌剂2 000倍液、70%甲基托布津（甲基硫菌灵）可湿性粉剂1 000倍液浸种2天。也可用1%石灰水浸种，10～15℃浸6天，20～25℃浸1～2天，石灰水层高出稻种15cm，静置，捞出后清水冲洗3～4次。用2%福尔马林浸种20～30分钟，然后用薄膜覆盖闷种3小时。

⑤药剂防治抓住关键时期，适时用药。早抓叶瘟，狠治穗瘟。发病初期喷洒20%三环唑（克瘟唑）可湿性粉剂1 000倍液或用40%稻瘟灵（富士一号）乳油1 000倍液、50%多菌灵或50%甲基硫菌灵可湿性粉剂1 000倍液、50%稻瘟肽可湿性粉剂1 000倍液、40%克瘟散乳剂1 000倍液、50%异稻瘟净乳剂500～800倍液、5%菌毒清水剂500倍液。上述药剂也可添加40mg/kg春雷霉素或加展着剂效果更好。叶温要连防2～3次，穗瘟要着重在抽穗期进行保护，特别是在孕穗期（破肚期）和齐穗期是防治时期。

五、水稻纹枯病

水稻纹枯病又称云纹病，俗名花足秆、烂脚瘟、眉目斑。是由立枯丝核菌感染得病，多在高温、高湿条件下发生。纹枯病在南方稻区为害严重，是当前水稻生产上的主要病害之一。

（一）【症状】

苗期至穗期都可发病。叶鞘染病在近水面处产生暗绿色水浸状边缘模糊小斑，后渐扩大呈椭圆形或云纹形，中部呈灰绿或灰褐色，湿度低时中部呈淡黄或灰白色，中部组织破坏呈半透明状，边缘暗褐。发病严重时数个病斑融合形成大病斑，呈不规则状云纹斑，常致叶片发黄枯死。叶片染病病斑也呈云纹状，边缘褪黄，发病快时病斑呈污绿色，叶片很快腐烂，茎秆受害症状似叶片，后期呈黄褐色，易折。穗颈部受害初为污绿色，后变灰褐，常不能抽穗，抽穗的秕谷较多，千粒重下降。湿度大时，病部长出白色网状菌丝，后汇聚成白色菌丝团，形成菌核，菌核深褐色，易脱落。高温条件下病斑上产生一层白色粉霉层即病菌的担子和担孢子。

（二）【防治方法】

①选用抗病品种，水稻对纹枯病抗性高的资源较少，目前生产上早稻耐病品种有博优湛19号、中优早81号。中熟品种有豫粳6号、辐龙香糯。晚稻耐病品种有冀粳14号、花粳45号、辽粳244号、沈农43号等。

②打捞菌核，减少菌源。要每季大面积打捞并带出田外深埋。

③加强栽培管理，施足基肥，追肥早施，不可偏施氮肥，增施磷钾肥，采用配方施肥技术，使水稻前期不披叶，中期不徒长，后期不贪青。灌水做到分蘖浅水、够苗露田、晒田促根、肥田重晒、瘦田轻晒、长穗湿润、不早断水、防止早衰，要掌握“前浅、中晒、后湿润”的原则。

④药剂防治。抓住防治适期，分蘖后期病穴率达15%即施药防治。首选广灭灵水剂500～1 000倍液或5%井冈霉素100ml对水50L喷雾或对水400L泼浇。发病较重时可选用20%担菌灵乳剂每667m^{2}用药125～150ml对水75L分别在孕穗始期、孕穗末期各防1次，对病穴率、病株率及功能叶鞘病斑严重度，防

效都很显著，有效地保护功能叶片。

六、水稻白叶枯病

水稻白叶枯病又称白叶瘟、茅草瘟、地火烧等，在我国各稻区均有发生，是水稻主要病害。该病对产量影响较大，秕谷和碎米多，减产达20%～30%，重的可达50%～60%，甚至颗粒无收。

（一）【症状】

其症状因病菌侵入部位、品种抗病性、环境条件有较大差异，常见分3种类型。

①叶缘型：是一种慢性症状，先从叶缘或叶尖开始发病，发现暗缘色水渍状短线病斑，最后粳稻上的病斑变灰白色，籼稻上为橙黄色或黄褐色，病健明显。

②青枯型：是一种急性症状。植株病感后，尤其是茎基部或根部受伤而感病，叶片呈现失水青枯，没有明显的病斑边缘，往往是全叶青枯；病部青灰色或绿色，叶片边缘略有皱缩或卷曲。

在潮湿后早晨有露水情况下，病部表面均有蜜黄色黏性露珠状的菌脓，干燥后如鱼子状小颗粒，易脱落。在病健交界出剪下一小块病组织放在玻片上，滴上一滴清水，再加上一玻片夹紧，约1分钟后对光看，如切口有云雾状雾喷出，即为百叶枯病。也可剪一段6cm长病叶，插入盛有清水的容器中一昼夜，上端切口如有淡黄色浑浊的水珠溢出，即为白叶病。

（二）【防治方法】

①选用适合当地的2～3个主栽抗病品种。

②加强植物检疫，不从病区引种，必须引种时，用1%石灰

水或80%402 抗菌剂2 000倍液浸种2天或50倍液的福尔马林浸种3小时闷种12小时，洗净后再催芽。

③种子处理：播前用50倍液的福尔马林浸种3小时，再闷种12小时，洗净后再催芽。也可选用浸种灵乳油2ml，加水10～12L，充分搅匀后浸稻种6～8kg，浸种36小时后催芽播种。

④清理病田稻草残渣，病稻草不直接还田，尽可能防止病稻草上的病原菌传入秧田和本田。搞好秧田管理，培育无病状秧。选好秧田位置，严防淹苗。秧田应选择地势高，无病，排灌方便，远离稻草堆、打谷场和晒场地，连作晚稻秧田还应远离早稻病田。防止串灌、漫灌和长期深水灌溉。防止过多偏施氮肥，还要配施磷、钾肥。

⑤药剂防治：老病区在台风暴雨来临前或过境后，对病田或感病品种立即全面喷药1次，特别是洪涝淹水的田块。用药次数根据病情发展情况和气候条件决定，一般间隔7～10天喷1次，发病早的喷2次，发病迟的喷1次。每667$m^2$86.2%氧化亚铜水分颗粒剂、杀菌农药【门神】50mL，70%叶枯净（又称杀枯净）胶悬剂100～150g，或25%叶枯宁可湿性粉剂100g，或高科20%氟硅唑咪鲜胺30～50mL，或10%氯霉素可湿性粉剂100g，或50%代森铵100g（抽穗后不能用），或25%消菌灵可湿性粉剂40g，或32%核苷溴吗啉胍（兼防病毒病）600倍液，或15%消菌灵200g，或天威3号（50%氯溴异氰尿酸，登记的是水稻白叶库病）以上药剂加水50L喷雾。

七、谷子锈病

谷子锈病（叶锈病）是常发流行病害，广泛分布，主要发生在华北春谷、夏谷种植区和东北春谷种植区。在流行年份，因病减产常达30%以上，感病品种严重发生田块减产可达

50%～80%，甚至绝收。

【症状识别】病原菌主要危害叶片和叶鞘。叶片两面产生多数隆起的红褐色疱斑，圆形或椭圆形，直径约1mm，这是病原菌的夏孢子堆。夏孢子堆成熟后突破叶表皮而外露，破裂后散出黄褐色粉末状物（夏孢子），周围残留破裂的叶片表皮。在发病后期，叶片上还散生黑色的圆形或长圆形疱斑，即冬孢子堆。叶鞘上也产生夏孢子堆和冬孢子堆。

谷子锈病病叶片上生成隆起的红褐色小疱斑，成熟后疱斑表皮破裂，散出黄褐色粉末，借此不难与各种叶斑病区分。但是，因品种抗病性不同，发病叶片上不一定出现上述典型病斑，抗病品种的夏孢子堆较小，周围寄主组织枯死或失绿，近免疫的品种仅产生微小枯死斑，需注意识别。

【防治方法】防治谷子锈病应采取以抗病品种为主，药剂防治为辅的综合措施。

（1）选育和栽培抗病品种。抗病品种仅能抵抗一定的锈菌小种，因小种变换，抗病性有可能失效。抗病育种和品种合理布局都需参照锈菌小种分布状况。现已有一批抗病丰产品种，可供选用。若不了解当地锈菌小种组成，在引进抗病品种大面积种植前，应进行抗病性鉴定或小面积试种。著名的抗锈品种有冀谷14、冀谷15、冀谷17、谷丰1号、冀特5号、豫谷5号、豫谷7号、鲁谷10号、朝谷9号等。冀谷14和冀特5号兼抗纹枯病。

（2）加强栽培管理。适期早播，合理密植，保持通风透光，合理排灌，低洼地雨后及时排水，降低田间湿度。采用配方施肥技术，增施磷、钾肥，施用氮肥不要过多、过晚，防止植株贪青晚熟。在本地菌源越冬地区，冬前要清除病残体，封存带病谷草。

（3）药剂防治。感病品种在流行年份，需根据田间病情监测，及时喷药防治。一般在传病中心形成期，即病叶率1%～5%时，喷第一次药，间隔10～15天后再喷第二次。常用药剂有20%三唑酮（粉锈宁）乳油1 000倍液，15%三唑酮可湿性粉剂600～1 000倍液，15%三唑醇（羟锈宁）可湿性粉剂1 000～1 500倍液，12.5%烯唑醇（速保利）可湿性粉剂1 500～2 000倍液，50%萎锈灵可湿性粉剂1 000倍液，25%丙环唑（敌力脱）乳油3 000～4 000倍液，40%氟硅唑（福星）乳油8 000～9 000倍液等。

三唑类杀菌剂在麦类病害防治中应用较多，已发现对麦类生长有抑制作用，施药不当还可能产生僵苗或造成抽穗困难，三唑类杀菌剂对谷子不同品种的药害情况还应注意观察，以便采取预防措施。

八、谷子瘟病

谷瘟病是谷子的重要病害，分布普遍，大流行年份一般减产20%～30%，严重地块减产50%以上。

【症状识别】谷子各生育阶段都可发病，分别引起苗瘟、叶瘟、节瘟、穗颈瘟和穗瘟，以叶瘟和穗颈瘟危害最重。

苗瘟在幼苗叶片和叶鞘上形成褐色小病斑，严重时叶片枯黄。叶瘟多在7月上旬开始发生，叶片上产生菱形、梭形病斑，一般长1～5mm，宽1～3mm，在高感品种上可形成长达1cm左右的长梭形条斑。感病品种的典型病斑中部灰白色，边缘紫褐色，周围枯黄色，病斑两端有紫褐色坏死线，沿叶脉伸展。高湿时病斑表面有灰色霉状物。严重发生时，病斑密集，互相汇合，导致叶片枯死。

节瘟多在抽穗后发生，茎秆节部生褐色凹陷病斑，逐渐干缩。病株抽不出穗，或抽穗后干枯变色。病茎秆易倾斜倒伏。

穗颈和小穗梗发病，产生褐色病斑，扩大后可环绕一周，使之枯死，致使小穗枯白，不结实或籽粒干瘪，俗称“死码子”，严重时全穗或半穗枯死，病穗呈灰白色或青灰色。

谷子品种间抗病性有明显差异，高度抗病品种叶片无病斑或仅生针头大小的褐色斑点。中度抗病品种生椭圆形小病斑，边缘褐色，中间灰白色，病斑宽度不超过两条叶脉。感病品种生梭形大斑，边缘褐色，中间灰白色，宽度超过两条叶脉。只有掌握这些特征，才能准确识别抗病品种。

【防治方法】

（1）种植抗病品种。谷子品种间抗病性差异明显，有较多抗病种质资源和抗病品种，可根据本地病菌小种区系，合理鉴选使用。种子田应保持无病，繁育和使用不带菌种子。必要时播前进行种子消毒。

（2）加强栽培管理。病田实行轮作，收获后及时清除病残体，深耕灭茬，减少越冬菌源；合理调整种植密度，防止田间过度郁蔽，合理排灌，降低田间湿度，减少结露；合理施肥，防止植株贪青徒长，增强抗病能力。

（3）药剂防治。有效药剂有40% g 瘟散（敌瘟磷）乳油500～800倍液，50%四氯苯酞（稻瘟酞）可湿性粉剂1 000倍液，75%三环唑可湿性粉剂1 000～1 500倍液，2%春雷霉素可湿性粉剂500～600倍液，6%春雷霉素可湿性粉剂1 000倍液等。防治叶瘟在始发期喷药，发病严重的地块可间隔7天再喷1～2次。防治穗颈瘟、穗瘟可在始穗期和齐穗期各喷药一次。

九、谷子胡麻斑病

胡麻斑病是谷子的常见病害，分布普遍，受害程度因品种而异。种植感病品种，在雨水较多，湿度较高年份，发病加重，可造成严重损失。

【症状识别】在谷子整个生育期均可发病，病原菌主要侵染谷子的叶片，也侵染叶鞘和穗部。芽苗期发病还引起烂种或苗枯。病株叶片上产生卵圆形、椭圆形的黄褐色、褐色、黑褐色病斑，初期病斑长度0.5~1mm，扩展后多数病斑长约2~5mm，但有的感病品种可达9~10mm。病斑之间可相互连接，也可汇合形成较大的斑块，引起叶片枯死。在高湿条件下，病斑上产生不明显的黑色霉状物。叶鞘和穗轴上产生褐色的梭形、椭圆形或不规则形病斑，有时病斑界限不明显。颖壳上产生深褐色小斑点。

胡麻斑病与谷瘟病都侵染叶片，产生叶斑，要注意正确区分。胡麻斑病病斑近于椭圆形，病斑两端钝圆，斑面褐色较均一，而谷瘟病病斑近于菱形、梭形，两端较尖，且伸展出长短不一的褐色坏死线条，斑面色泽不均一，通常病斑中部灰色，边缘深褐色，有时病斑外围变黄色。

【防治方法】防治胡麻斑病应种植抗病、轻病品种，使用无病种子；重病田在收获后应及时清除病残体，或与非禾本科作物进行轮作；要加强栽培管理，增施有机肥和钾肥，适量追施氮肥，增强植株抗病能力；结合防治粒黑穗病和白发病，进行药剂拌种，减少种子带菌。重病田块可适时喷施杀菌剂。据测定，腐霉利、百菌清、三唑酮等杀菌剂有较强的抑菌效果。

十、谷子黑穗病

黑穗病是谷子的一类重要病害，有十余种黑粉菌可以侵染谷子，引起各种黑穗病。危害最严重的是谷籽粒黑穗病，该病广泛分布于我国北方谷子产区，感病品种发病率很高。谷子腥黑穗病为我国学者首先发现，但当前分布于局部地区，危害尚轻。谷子轴黑粉病仅发现于吉林。

【症状识别】

（1）粒黑穗病。病株高度、分蘖数、色泽等特征与健株相似，在抽穗前不易识别。病穗较狭长，略短小，初为灰绿色，后期变为灰白色，比健穗轻。通常全穗发病，病小穗子房被病原菌破坏，变为冬孢子堆，仅残留外颖。冬孢子堆俗称“菌瘿”，其尺度与正常籽粒相当或略大，卵圆形或近圆形，包被灰白色外膜，坚韧不易破裂，内部充满黑褐色粉末状物，即病原菌的冬孢子，菌瘿的外膜破裂后，黑褐色冬孢子粉末飞散。

（2）腥黑穗病。谷穗上仅少数籽粒发病，通常一个穗子上有病粒 1~5 个，最多有 20 余个。子房被病原菌破坏，残留颖壳，形成菌瘿。菌瘿卵圆形或长圆锥形，比健康谷粒大，已知最大的菌瘿比正常谷粒长几十倍，明显突出。菌瘿外膜绿褐色，由顶端破裂，散出黑褐色粉末状冬孢子。

（3）轴黑穗病。谷穗上仅少数籽粒发病。病小穗的子房被病原菌破坏，残留外颖，形成菌瘿。菌瘿比健粒稍大，包被灰白色外膜，内部可残留中轴，菌瘿破裂后散落黑褐色冬孢子。

粒黑穗病全穗发病，菌瘿正常大小，腥黑穗病菌少数籽粒变为菌瘿，菌瘿很大，突出到外颖外面，轴黑穗病也是少数籽粒发病，但菌瘿正常大小，菌瘿内可残留中轴，三者易于区别。

【防治方法】在谷子黑穗病中，粒黑穗病分布广泛，危害严重，研究也较深入，现有谷子黑穗病的防治方法，主要是针对粒黑穗病而提出的。

（1）种植抗病品种。谷子品种间抗病性有明显差异，我国谷子的抗病种质资源丰富，抗病育种工作也卓有成效，可在粒黑穗病防治中发挥重要作用。先后报道的抗病品种较多，可以选用。

粒黑粉病菌具有致病专化性，有多个小种，每个小种仅能侵染部分谷子品种，而不能侵染其他品种。对我国谷籽粒黑粉病菌的小种组成，虽然已有多次研究，但缺乏全面的和系统的监测。由于小种变化，抗病品种有可能“丧失”抗病性。例如，有人发现山西省春谷主产区至少存在3个小种，其中1个高致病性小种分布较广，且对该省目前推广的品种皆能致病，从而对谷子生产构成潜在威胁。

（2）繁育无病种子。搞好无病种子繁育田或由无病地留种，不使用来源于发病地区和发病田块的种子。

（3）种子药剂处理。用于拌种的杀菌剂种类较多。50%福美双可湿性粉剂，50%多菌灵可湿性粉剂，25%三唑酮可湿性粉剂，15%三唑醇干拌种剂等，皆以种子重量0.2%～0.3%的药量拌种。2%戊唑醇（立克秀）干拌种剂按种子重量的0.1%～0.15%的药量进行拌种。

40%福·拌（拌种双）可湿性粉剂以种子重量0.1%～0.3%的药量拌种。该剂由拌种灵和福美双按1：1的比例混配而成，含拌种灵20%、福美双20%。拌种双可渗入种子，杀死种子表面和种子内部的病原菌，也可进入幼芽、幼根，保护幼苗免受土壤中病原菌的侵染。

应用三唑类杀菌剂拌种后，可能延迟出苗，在土壤含水量较低的田块，或拌药不匀、用药量偏高、拌种质量较差时，还可能降低出苗率，影响幼苗生长。需注意三唑类杀菌剂拌种对谷子的影响，防止可能发生的药害。另外，还有拌种双药害的案例，也需注意。

十一、燕麦、莜麦锈病

冠锈病和秆锈病是燕麦、莜麦的主要锈病种类，分布普遍。冠锈病危害叶片，叶鞘和穗，秆锈病则主要危害茎秆和叶鞘，在适宜的气象条件下，能迅速爆发成灾，造成严重减产。中度至重度流行时减产达10%～40%，高感品种重发田块可能绝收。

【症状识别】

（1）冠锈病。发病叶片上初生褪绿病斑，后变为橙黄色至红褐色椭圆形疱斑，这是病原菌的夏孢子堆，叶鞘和穗上也产生夏孢子堆。冠锈病的夏孢子堆较小，稍隆起，不规则散生，覆盖在夏孢子堆上的寄主表皮均匀开裂，散发出黄色粉末状夏孢子。在燕麦生育后期，病叶产生黑色的冬孢子堆。

（2）秆锈病。夏孢子堆多生在茎秆和叶鞘上，也发生在叶片上。初生褪绿病斑很快变为红褐色至褐色夏孢子堆，长椭圆形至长方形，较大，隆起高，不规则散生，可相互汇合。覆盖孢子堆的寄主表皮大片开裂，常向两侧翻卷，表皮破裂明显。生育后期也形成黑色的冬孢子堆。

（3）抗病品种的症状。两种锈病依据夏孢子堆的形态特点，不难区分。但上面提到的特征仅适用于感病品种，抗病品种与其明显不同，且抗病性程度不同，表现也不一致。免疫品种无肉眼可见症状，近免疫品种仅产生褪绿或枯死病斑，不产生夏孢子堆，高度抗病品种产生枯死斑，枯死斑上有微小的夏孢子堆，中度抗病品种夏孢子堆小至中等大小，周围组织失绿或枯死。

【防治方法】主要防治措施是选育和栽培抗病品种，两种锈菌都有多个小种，需选用能够抵抗当地小种的抗病品种。还可调整期，使大田锈病盛发期处在燕麦的生育末期，以减少损失。

种植感病品种，锈病可能流行时，要及时喷施杀菌剂药液。

同小麦锈病一样，防治燕麦、莜麦冠锈病和秆锈病主要应用三唑类杀菌剂，例如在锈病始发期和始盛期喷施20%三唑酮乳油1 500～2 000倍或25%丙环唑（敌力脱）乳油4 000倍液等。药液浓度需根据品种抗病程度不同，由试喷确定，且不要随意提高，以避免产生药害。

十二、燕麦、莜麦炭疽病

炭疽病是燕麦、莜麦的常见病害，通常不重。高感品种发病可导致叶片黄枯，植株衰弱，易倒伏，籽粒不饱满，甚至严重减产。

【症状识别】病原菌侵染麦株叶片、叶鞘、茎秆甚至穗部。多在病株基部叶片、叶鞘上产生黄褐色椭圆形病斑，扩展后变不规则形，长条形，严重时叶片变黄枯死。根颈部与茎秆基部褪绿，产生黑褐色斑块，分蘖瘦弱或枯死。炭疽病的主要识别特征是在病斑上产生多数黑色小粒点，即病原菌的分生孢子盘，小粒点在叶脉间成行排列。用手持扩大镜可见小黑点上有隐约可见的黑色刺毛。

【防治方法】炭疽病通常发生不重，不需采取特定防治措施，可在防治其他病害时予以兼治。重病田块可与非禾本科作物进行2年以上轮作，清除田间病残体和杂草。同时加强田间管理，增施肥料，特别是有机肥和磷肥。

十三、燕麦、莜麦德氏霉叶斑病

德氏霉叶斑病是燕麦、莜麦的常见病害，分布于各燕麦产区，南方发生较多，通常不严重。种植高感品种，且当季田间湿度较高时有可能流行，造成减产。

【症状识别】病原菌主要危害叶片和叶鞘，引起叶斑与叶枯。幼苗叶片上生椭圆形至长条形病斑，浅红褐色至褐色，严重时苗枯。成株叶片初生紫红色小病斑，后扩展成为椭圆形、梭形至不规则形条斑，褐色，长度可达0.7～2.5cm，后期有些病斑中部色泽较淡，黄褐色或红褐色，边缘色泽较浓，黑褐色或紫褐色，病斑周围可能有黄色晕环。严重时多个病斑汇合，叶片干枯。高湿时，病斑上生黑褐色霉状物。病原菌还可侵染颖壳和籽粒，病部变褐色。

【防治方法】种植抗病或轻病品种，收获后及时清除田间病残体，使用无病种子，必要时实行种子药剂处理。发病重的地区或田块，于发病初期开始喷施甲基硫菌灵、多菌灵或代森锰锌等杀菌剂，防治1～2次。

十四、燕麦、莜麦壳多孢叶斑病

壳多孢叶斑病是燕麦、莜麦常见病害，病原菌危害叶片、叶鞘和茎秆，引起叶枯和倒伏，也可以侵染穗部和籽粒，在阴湿冷凉的地区发生较多，感病品种可因病减产15%以上。

【症状识别】

（1）叶片症状。叶片上生梭形、椭圆形病斑，黄褐色、红褐色或黑褐色，边缘有黄晕，扩大后病斑长径可达1cm。多个病斑可相互汇合，形成形状不规则的斑块，造成叶枯。病斑上形成多数黑色小粒点，即病原菌的分生孢子器。病斑可由叶片基部延伸到叶鞘和茎秆上，叶鞘上病斑红褐色至黑褐色。

（2）茎秆症状。茎秆上产生灰褐色至黑褐色不规则形、长条形斑块，有光泽，多发生在上部两个茎节上，高度感病品种几乎全秆发病，严重时病斑环缢茎秆。茎秆内腔生有灰色菌丝体，病茎秆腐坏，常折倒，造成结实减少或不结实。

（3）穗部症状。颖壳上形成不规则形黄褐色或褐色斑块，外稃和内稃上生出黑色或暗褐色斑块，严重时种子也变色。

【防治方法】发生轻微的地区，可在防治其他病害时予以兼治。发病较重地区应采用以栽培抗病、轻病或早熟避病品种为主的综合措施。要使用无病种子，收获后要及时清除病残体，深耕灭茬，施用腐熟有机肥，搞好田间卫生，重病田可停种燕麦2～3年。育种田、种子田和高感品种生产田，可在病情上升前喷施杀菌剂药液。

十五、燕麦、莜麦黑穗病

燕麦、莜麦感染的黑穗病主要是坚黑穗病和散黑穗病。坚黑穗病分布广泛，危害严重，是燕麦、莜麦最重要的真菌病害。散黑穗病也常发生，病穗率一般不过2%，但有的品种病穗率可高达25%，亦需防治。

【症状识别】坚黑穗病和散黑穗病主要危害穗部，破坏籽粒，造成减产。

（1）坚黑穗病。花器被破坏，籽粒变为病原菌的冬孢子堆，称为“菌瘿”，其内部充满黑褐色粉末状物，为病原菌的冬孢子。菌瘿外面包被污黑色膜，坚实不易破损。冬孢子粘结成块，不易分散。有些品种颖片不受害，菌瘿隐蔽在内，难以看见，有的则颖壳被破坏。

（2）散黑穗病。病株较矮小，抽穗期提前，明显症状表现在穗部，大部分病株整穗发病，少数植株仅中、下部小穗发病。病穗子房被破坏，变为病原菌的菌瘿，有的颖片也被破坏消失。菌瘿内部充满黑粉状冬孢子，外被一层灰色薄膜。后期膜破裂，散出冬孢子，仅剩下穗轴。

【防治方法】

(1) 种植抗病品种。品种间抗病性有显著差异，应因地制宜，栽培抗病品种。

(2) 栽培防治。以土壤带菌为主的病地，轮作小麦、玉米、豆类、甜菜或马铃薯等作物，例如河北北部实行“豌豆—小麦—马铃薯—裸燕麦—亚麻—豌豆”5年轮作制。建立无病种子田或异地换用无病种子，选用无病种子播种。秋播要适时早播，春播要适时晚播，要搞好整地保墒，提高播种质量，促进发芽出苗。抽穗后发现病株要及时拔除，携至田外集中烧毁。

(3) 药剂拌种。播前可用三唑类杀菌剂或其他药剂拌种。用三唑酮拌种，拌100kg种子，25%三唑酮可湿性粉剂用80~120g，15%三唑酮可湿性粉剂用120~200g。10%三唑醇可湿性粉剂拌种，每100kg种子拌药75~150g。用2%戊唑醇（立克秀）湿拌种剂拌种，每100kg种子用药100g，再按每10kg种子用水150~200ml的比例，量取所需水量，与药剂混合搅匀成糊状，再将所需的种子倒入并充分搅拌，使每粒种子都均匀地沾上药剂。拌好的种子放在阴凉处晾干后即可用于播种。

用50%多菌灵可湿性粉剂拌种，每100kg种子拌药200~300g，用50%甲基硫菌灵可湿性粉剂拌种，每100kg种子拌药200g，用40%拌种双可湿性粉剂，每100kg种子拌药100~200g。此外，也可用种子重量0.5%~1%的细硫黄粉拌种。

三唑类药剂和拌种双拌种，可能有药害，应严格控制用药量，最好对所处理的品种，先做试验，确定适宜用药量。

十六、燕麦、莜麦红叶病

由大麦黄矮病毒引起的麦类黄矮病是世界性病害，小麦黄矮病流行范围最广，危害最大，为人们所熟知。许多燕麦品种被大麦黄矮病毒侵染后叶片发红，因此被称为“红叶病”。红叶病也是燕麦、莜麦的重要病害，流行年份严重减产。

【防治方法】防治红叶病要以农业防治为基础，药剂防治为辅助，选育抗病品种为重点，实行综合防治。

要优化耕作制度和作物布局，需考虑各种作物对蚜虫和黄矮病发生的影响，慎重规划，达到减少虫源，切断介体蚜虫传毒的效果。要清除田间杂草，减少毒源寄主，扩大水浇地的面积，创造不利于蚜虫滋生的农田环境。要尽量选用抗病、耐病、轻病品种。

施用药剂治蚜，减少蚜口数量，控制传毒。有效药剂及其使用方法参见本书麦二叉蚜、麦长管蚜等节。

十七、青稞锈病

青稞锈病主要有条锈病，叶锈病和杆锈病。我国以条锈病发生最为严重，叶锈病和秆锈病分布也较广泛。在适宜的气象条件下，锈病能迅速传播，爆发成灾。在锈病大流行年份，感病品种减产30%左右，在特大流行年份减产50%～60%。

【症状识别】条锈病主要发生在叶片上，也危害叶鞘、茎、穗、颖壳和芒。叶锈病也主要发生在叶片上，也危害叶鞘。秆锈病则主要发生在茎和叶鞘上，叶片和穗部也有发生。

三种锈病最初都在发病部位生成小型的褪绿病斑，随后发展成为黄色或黄褐色的疱斑，即锈菌的夏孢子堆。最初疱斑上有叶表皮覆盖，成熟后表皮破裂，散出铁锈色的粉末，即锈菌的夏孢子。生育末期或叶片衰弱后在发病部位还形成另一种黑色的疱斑，称为冬孢子堆。根据夏孢子堆与冬孢子堆的特点，可以识别和区分3种锈病。

条锈病的夏孢子堆最小，鲜黄色，长椭圆形。在成株叶片上沿叶脉排列成行，呈现“虚线”状。覆盖孢子堆的表皮开裂不明显；冬孢子堆也小，狭长形，黑色，成行排列，覆盖孢子堆的表皮不破裂。叶锈病的夏孢子堆较小，橘红色，圆形至长椭圆形，不规则散生，多生于叶片正面。覆盖孢子堆的寄主表皮均匀开裂；冬孢子堆也较小，圆形至长椭圆形，黑色，散生，表皮不破裂。秆锈病的夏孢子堆大，褐色，长椭圆形至长方形，隆起高，不规则散生，可相互愈合。覆盖孢子堆的寄主表皮大片开裂，常向两侧翻卷；冬孢子堆也较大，长椭圆形至狭长形，黑色，散生，表皮破裂，卷起。

以上介绍的是感病品种的典型症状，抗病品种的症状则有明显区别，抗病性程度不同也有较大变化。免疫品种不表现任何肉眼可见的症状，近免疫品种仅产生小枯条（条锈病）或枯斑（叶锈病和秆锈病），不产生夏孢子堆，抗病品种的夏孢子堆小，周围组织枯死，中度抗病品种的夏孢子堆较大，周围失绿或枯死。

【防治方法】采取以种植抗病品种为主，栽培防治和药剂防治为辅的综合措施。选育和使用抗病品种，特别是抗条锈病的品种，是防治青稞锈病的根本措施，为此需要了解锈菌的小种组成及其变化。在购进和种植新品种时，特别要仔细了解该品种是否抵抗当地的小种。

从全国麦类锈病的全局来说，栽培防治的重点是治理越夏、越冬的关键地带。对具体的发病地区来说，则要因地制宜，调整播期，推迟发病，降低病情。要加强田间管理，施用腐熟有机肥，增施磷肥、钾肥，搞好氮、磷、钾肥的合理搭配，增强麦株长势，避免贪青晚熟，以减轻发病。有灌溉条件的地方，要合理排灌，降低田间湿度，发病重的田块需适当灌水，维持病株水分平衡，减少产量损失。

种植感病品种的地区，若锈病发生早，天气条件有利于锈病发展，需行药剂防治，不能掉以轻心。当前用于叶面喷雾的主要是三唑类内吸杀菌剂，常用品种有15%三唑酮（粉锈宁）可湿性粉剂、25%三唑酮可湿性粉剂、20%三唑酮乳油等，较少使用的还有烯唑醇（特谱唑）、三唑醇、粉唑醇、丙环唑、腈菌唑等。三唑酮叶面喷雾防治小麦条锈病的适宜用药量，高度感病品种，每667m^{2}用药9~12g（有效成分），中度感病品种7~9g（有效成分），喷药适期为病叶率5%~10%，可资参考。

以当地菌源为主的常发区，还可用三唑酮拌种，拌种用药量为种子重量的0.03%（以有效成分计），要混拌均匀。三唑类杀菌剂拌种后可延迟出苗，在土壤含水量较低的田块，还可能降低出苗率。一定要采用适宜的用药量，提高拌种质量，或酌情增加播种量，以避免或减轻药害。

十八、青稞网斑病

网斑病是青稞的重要病害，主要为害叶片，也侵染叶鞘和穗部。病株减产20%~30%，高感品种可减产50%以上，病麦品质也有所降低。

【症状识别】叶片上症状有2种类型，即网斑型和斑点型，依菌系与品种不同而异。

（1）网斑型。病叶生黄褐色至淡褐色的斑块，病健界限不明，内有纵横交织的网状细线，暗褐色，病斑较多时，连成暗褐色条纹状斑，上生少量孢子，但有的品种缺横纹或不明显，成为一类中间型症状。

（2）斑点型。病叶上产生暗褐色的卵圆形、梭形、长椭圆形病斑，长3~6mm，周围常变黄色或不清晰。病斑上生黑色霉状物。病斑可互相汇合，引起叶枯。

【防治方法】

（1）农业防治。选用抗病、轻病品种，使用无病种子；收获后及时清除和翻埋病残体，重病田避免连作；平衡使用氮肥与磷肥，避免过量施用氮肥，合理灌溉，降低田间湿度。

（2）药剂防治。使用杀菌剂处理种子，或在发病始期田间喷药。种子处理方法可参见本书大麦条纹病部分。田间喷药可选用50%多菌灵可湿性粉剂（每667m^2用药100g），60%多菌灵盐酸盐可湿性粉剂（每667m^2用药60g），70%代森锰锌可湿性粉剂（每667m^2用药143g），25%丙环唑乳油（每667m^2用药33～40ml）或25%三唑酮可湿性粉剂（每667m^2用药30g）等。

十九、青稞条纹病

条纹病是青稞的重要病害和主要防治对象，分布广泛。病原菌主要为害叶片和叶鞘，严重时叶片迅速枯死，不能抽穗或形成白穗。病株减产20%～30%，高感品种可减产50%以上。

【症状识别】幼苗叶片上初生淡黄色小点或短小条纹。部分幼苗心叶变灰白色而枯死。至分蘖期，病斑发展成为黄色细长条纹，从叶片基部延伸到叶尖，与叶脉平行，有的条纹断续相连。拔节以后叶片上的条纹由黄色变褐色，大多数老病斑中部黄褐色，边缘黑褐色，有的周围有黄晕。叶片可沿条纹开裂，呈褴褛状，高湿时条纹上生灰黑色霉状物。因品种不同，条纹的形态变化很大，有些大麦品种的叶片上有多条与叶脉平行的纤细条纹，有些品种则只有一条或少数宽带状条纹，有的条纹宽度甚至可占到叶片宽度的1/2～3/4。病株可能早期枯死，存活到抽穗期的，多不能结实或籽粒不饱满。有的品种旗叶紧裹，抽不出穗或穗弯曲畸形，麦芒可能被夹在鞘内而呈拐曲状。

条纹病的症状在苗期就可以看到，但孕穗和抽穗期后尤其明显。发现田间植株枯死，或出现白穗，可检查病叶的条斑症状，予以确认。

【防治方法】

(1) 农业防治。种植抗病品种，不用病田收获的种子，建立无病留种田，繁育无病种子。搞好播前选种，选用颗粒饱满，发芽率高，发芽势强的种子。播前晒种 1～2 天，以提高发芽率和增强发芽势。要适期播种，避免出苗期间遭遇低温，要施足基肥，培育壮苗。抽穗前要及早拔除病株。

(2) 播前种子处理。采用温汤浸种、石灰水浸种或药剂处理等方法。

温汤浸种用 53℃～54℃的温水浸种 5 分钟，或用 52℃的温水浸种 10 分钟。浸后立即将麦种摊开冷却，晾干后播种。冷水温汤浸种先用冷水预浸麦种 4～5 小时，然后移入 53℃～54℃温水中浸 5 分钟，然后将麦种摊开冷却。

1% 石灰水浸种，即在伏天里用 50kg 石灰水浸种子 30kg，24 小时后取出摊开晾干，储藏备用。另外，用 5% 硫酸亚铁水溶液浸种 6 小时，也有一定效果。

药剂拌种可用 25% 三唑酮可湿性粉剂 80～120g，拌麦种 100kg。或用 2% 戊唑醇（立克秀）湿拌种剂 100g 拌麦种 100kg。或用 3% 敌萎丹（恶醚唑）悬浮种衣剂 100～200ml 拌 100kg 种子。

34% 大麦清可湿性粉剂 120～150g，加水 8L，调匀后喷拌 100kg 种子，堆闷 4 小时后播种。若不能及时播种，要晾干存放，几天后再播种。该药是三唑酮与福美双的混剂。

多菌灵浸种，每 50kg 水中加入 50% 多菌灵可湿性粉剂 100～150g，浸种 30kg，24 小时后捞出晾干。

(3) 田间喷药。常发麦田可在发病初期喷布杀菌剂。常用药剂有多菌灵、代森锰锌、丙环唑等。青稞抽穗后喷药，可降低种子带菌率。

二十、青稞云纹病

云纹病是青稞的常见病害，分布广泛而严重。云纹病主要危害叶片和叶鞘，也侵染穗部。病株叶片早期枯死，造成减产，严重田块减产45%以上。有人在自然发病条件下分级测定青稞的损失情况，结果随云纹病严重度增高，穗粒数、千粒重、单穗粒重都明显减低，而产量损失率明显增高，严重度为最高一级时产量损失率达67.3%。

【症状识别】叶片上和叶鞘上初生卵圆形白色透明的小病斑，病斑扩大后变为梭形、长椭圆形，病斑中部青灰色至淡褐色，边缘宽而色深，呈暗褐色或黑褐色。多个病斑相互汇合，呈云纹状，病叶变黄枯死。在高湿条件下，病斑上形成灰黑色霉状物，为病原菌的分生孢子梗和分生孢子。

【防治方法】防治方法包括：①收获后深翻，翻埋病残体，促进病残体分解，减少初侵染菌源。②种植抗病、轻病品种，使用健康种子，合理密植，平衡施肥，促进麦株健壮生长。合理排灌，及时中耕，降低田间湿度。③用50%多菌灵可湿性粉剂，按种子重量0.3%的药量拌种。④发病初期喷施杀菌剂，可供选用的药剂有15%三唑酮宁可湿性粉剂1 000倍液，70%甲基硫菌灵可湿性粉剂1 000倍液，50%多菌灵可湿性粉剂800倍液，70%代森锰锌可湿性粉剂500倍液等。

二十一、荞麦轮纹病和褐斑病

轮纹病和褐斑病都是荞麦常见的叶斑类病害，分布于各荞麦栽培地区，主要为害叶片，造成叶枯。通常发生较晚，招致的产量损失不重，但若天气多雨高湿，提早发病，感病品种也可严重减产。

【症状识别】

(1) 轮纹病。叶片上病斑圆形、近圆形，直径2～10mm，红褐色，边缘明显，病斑上有明显轮纹，后期生有黑色小粒点，即病原菌的分生孢子器。叶鞘上病斑梭形、椭圆形，红褐色，亦生黑色小粒点。严重发病植株提前落叶和变黑枯死。

(2) 褐斑病。病斑圆形、椭圆形，直径2～5mm，内部变为灰白色或淡褐色，边缘红褐色。湿度大时病斑背面生有灰色霉状物，即病原菌分生孢子梗和分生孢子。

两病都侵染叶片，形成叶斑，但叶斑形态明显不同，可据以准确识别。轮纹病的叶斑生有轮纹，病斑上产生黑色小粒点，而褐斑病的叶斑上无轮纹，也不产生黑色小粒点。

【防治方法】通常不需采用特别的防治措施，可在防治其他病害时予以兼治。但在常发地区或气象条件适于发病的年份仍需进行防治。主要防治措施有：种植抗病、轻病品种，使用无病种子；收获后应及时耕翻灭茬，清除病残体，以减少菌源；加强水肥管理，降低田间湿度；在发病初期喷施杀菌剂，有效药剂有70%甲基硫菌灵可湿性粉剂800～1 000倍液，50%多菌灵可湿性粉剂600～800倍液，80%代森锰锌可湿性粉剂600～800倍液，50%异菌脲可湿性粉剂1 000～1 500倍液等。

二十二、荞麦立枯病

立枯病分布广泛，是荞麦幼苗的重要病害，常引起幼苗根腐，萎蔫死苗，以致缺苗断垄。大苗和成株期也能被侵染，造成死株。

【症状识别】立枯病主要危害幼苗，但成株期也能发生。荞麦幼芽被侵染后变黄褐色腐烂，不能出土。出土幼苗的茎基部，出现水浸状病斑，红褐色至黑褐色，随后病斑扩大并腐烂，可绕茎一周，病茎出现凹陷或缢缩，病苗萎蔫，倒折烂死，病苗根部也变黑褐色腐烂。若病苗较大，发病后虽然枯萎，但保持直立而不倒伏，被称为“立枯病”。

该病原菌还能侵染成株，使根部、根颈和茎基部腐烂，病株地上部分生长不良，矮小变黄，萎蔫枯死。

用放大镜仔细观察发病部位，有时可以见到蛛丝状菌丝体和黑色小菌核。

【防治方法】立枯病虽然是荞麦的重要病害，但有关防治的试验研究和防治实践甚少，以下防治建议供参考。

（1）栽培防治。重病田与燕麦、豆类等轮作；收获后清除病残体，进行深耕。低湿田块要做好排水，降低土壤湿度。使用无病田采收的健康种子，适期晚播，密度不宜过大，覆土不宜过厚，促进出苗。在发病初期拔除病苗，携出田外销毁。

（2）药剂防治。播前土壤处理可用70%恶霉灵可湿性粉剂，每667m^{2}用药1.5～2kg，混合40～80kg细土，作成药土撒施。

发病初期用20%甲基立枯磷乳油1 200倍液，5%井冈霉素水剂800倍液，15%恶霉灵水剂450倍液，或70%恶霉灵可湿性粉剂1 500倍液等进行土壤喷淋或灌根，7～10天防治1次，连续防治2～3次。另外，30%甲霜·恶霉灵水剂800～1 000倍液灌根防治立枯病效果也好。

二十三、荞麦白粉病

白粉病是荞麦的常见病害，主要为害叶片，病叶上覆盖白粉层，光合作用受阻，籽实产量降低。发病较早的高感品种，病叶片枯死脱落、不结籽实或严重减产。

【症状识别】多发生于生育后期，主要危害叶片，也发生在茎部和籽实上。病叶片两面初生白色小粉斑，随病情发展，粉斑逐渐扩大，甚至覆盖全叶。后期病叶上的白粉层变灰色至淡褐色，其中散生黑色小粒点为病原菌的闭囊壳。发病早而严重的，病叶枯死脱落。喷施15%粉锈宁可湿性粉剂1 500倍液，40%多·硫悬浮剂300～400倍液，或84.2%十三吗啉乳油2 000倍液等。

二十四、豌豆褐斑病

褐斑病是豌豆的常见病害，分布广泛，在发病条件适宜的地块可大量发生。该菌还可与另外两种壳二胞属病原菌共同危害，引起相似症状，统称为“壳二胞疫病”，产量损失一般5%～15%，严重时可达50%以上。

【症状识别】病原菌侵染叶片、叶柄、茎蔓和豆荚。叶片上病斑近圆形，淡褐色、褐色，有明显的深褐色边缘，有的病斑上有2～3圈轮纹，后期病斑上长出黑色小粒点，为病原菌的分生孢子器。叶柄和茎蔓上病斑纺锤形，长椭圆形，或不规则形，褐色至紫褐色，边缘色泽较浓。茎基部发病后缢细，易倒伏，称为“基腐”或“脚腐”。果荚上病斑近圆形，灰褐色至紫褐色，边缘明显，略凹陷，后期也产生黑色小粒点。

【防治方法】

（1）栽培防治。不与豆科作物连作、间作、套种，种植豌豆抗病或轻病品种，选留无病植株留种，收获后及时清洁田园和翻耕，减少越冬病菌。

（2）种子处理。商品种子应行处理，防止种子传病。温汤浸种可用50℃～55℃温水浸种5分钟。操作时种子先在凉水中预浸4～5小时，然后置入温水中浸5分钟，再取出种子，移入凉水中冷却，晾干后播种。药剂处理可用种子重量0.3%的70%甲基硫菌灵可湿性粉剂，或50%敌菌灵可湿性粉剂拌种。

（3）田间药剂防治。在发病初期喷施70%甲基硫菌灵可湿性粉剂800～1 000倍液，75%百菌清可湿性粉剂800倍液，80%代森锰锌可湿性粉剂800倍液，70%丙森锌（安泰生）可湿性粉剂700倍液，50%异菌脲（扑海因）可湿性粉剂1 000倍液，40%多·硫悬浮剂400～800倍液，或45%噻菌灵（特克多）悬浮剂1 000倍液等。棚室内也可施用5%百菌清粉尘剂或5%加瑞农粉尘剂，每次每667m^2用药1kg。

二十五、豌豆白粉病

白粉病是豌豆的主要病害之一，各地普遍发生。病株叶片由下向上逐层枯黄，提前衰老，豆荚产量大幅降低，品质变劣。发病轻的田块产量损失10%～30%，发病严重的更达40%以上。

【症状识别】主要危害叶片，初期叶面产生圆形微小白粉状斑点，后扩大成不规则形粉斑，可相互连接，遍布全叶，叶背呈现褐色或紫色斑块。后期病斑颜色由白色转为灰白色，叶片枯黄脱落。茎蔓和豆荚上也出现白色粉斑，致使茎蔓枯黄，豆荚变小，干枯。病斑上的白色粉状物为病原菌的菌丝体和分生孢子，有些地方后期病斑上出现微小的黑色点状物，为病原菌的闭囊壳。

【防治方法】防治白粉病首先应因地制宜，选种抗病品种。还要搞好田间卫生，收获后及时清除病残体，带出田外集中烧毁。要避免寄主作物接茬种植或间作套种。播种无病种子，或用种子重量0.3%的70%甲基硫菌灵可湿性粉剂或50%多菌灵可湿性粉剂拌种。棚室栽培要通风降湿和增加光照，干旱时要及时浇水，防止植株因缺水而降低抗病性。开花结荚后及时追肥，适量施用氮肥，可适当增施磷、钾肥，防止植株早衰。

发病初期喷施15%三唑酮可湿性粉剂1 000～1 500倍液，40%多·硫悬浮剂400倍液，43%戊唑醇（菌力克）悬浮剂6 000～8 000倍液，40%氟硅唑（福星）乳油6 000～8 000倍液，10%苯醚甲环唑（世高）水分散粒剂1 500～2 000倍液，30%氟菌唑（特福灵）可湿性粉剂4 000～5 000倍液，2%武夷霉素水剂200～300倍液，或2%农抗120水剂200～300倍液等，交替使用，每隔10～15天喷1次，连喷2～3次。

棚室粉尘法施药可用5%加瑞农粉尘剂或5%百菌清粉尘剂，每次每667m^2用药1kg。发病初期可施用45%百菌清烟剂，每次每667m^2用药200～250g。

二十六、芸豆锈病

锈病是芸豆的常见病害，主要在生长中、后期发生，分布广泛。锈病主要危害叶片，也危害叶柄、茎蔓和豆荚，病叶干枯脱落，损失程度因品种而异。种植高度感病品种或天气条件有利，发病提早，可能造成严重减产，不能掉以轻心。

【症状识别】叶片背面出现许多浅黄色小斑点，以后逐渐扩大，并变为黄褐色突起疱斑，覆盖疱斑的表皮破裂后，有红褐色粉状物分散出来，叶片正面对应的部位形成褪绿斑点。这种疱斑就是病原菌的夏孢子堆，夏孢子堆内产生红褐色椭球形夏孢子，粉末状。夏孢子堆有时也生于叶片正面。一张芸豆叶片上夏孢子堆数量甚至可多达2 000个以上，严重时病叶干枯脱落。生长末期病叶上长出黑褐色的疱斑，即冬孢子堆，表皮破裂后散出黑褐色的冬孢子。

因品种抗病性不同，夏孢子堆的形态也有变化，抗病品种孢子堆小，周围有枯死组织，有的仅为枯死斑，没有夏孢子堆产生。中抗品种孢子堆较小，周围组织枯死或明显褪绿。感病品种孢子堆大，周围组织不枯死，但有的略有褪绿。有时在孢子堆周围还生出一圈或两圈更小的孢子堆，称为次生孢子堆。在枯黄叶片上，孢子堆周围有时仍保持绿色。

叶柄、茎蔓和豆荚上症状与叶片上相似，疱斑稍大，荚上疱斑较隆起。

【防治方法】防治芸豆锈病要选用抗病品种，品种抗病性差别较大，各地应因地制宜选用抗病、耐病品种。芸豆锈病菌有致病性分化，存在不同小种，选育或引进抗病品种时应注意小种差异。

二十七、芸豆白粉病

白粉病是芸豆常见病害，分布广泛，可造成植株中下部叶片大量发病枯死，引起产量和品质的较大损失。

【症状识别】白粉病危害植株各个部位，以叶片发生较多。初期成株叶片上产生圆形白色小粉斑，严重时相互连接，叶片大部或全叶覆盖白色粉状物，有时由白色变为灰白色至灰褐色。病株叶片枯黄脱落。叶柄、茎、豆荚染病也产生白色粉状物，并可使茎、豆荚早枯，籽粒干瘪。

【防治方法】防治白粉病要因地制宜选种抗病品种，采取栽培控病措施。加强田间通风降湿和增加透光，天旱时要及时浇水，防止植株因缺水而降低抗病性。在开花结荚后要及时追肥，但勿过量施用氮肥，可适当增施磷钾肥，防止植株早衰。收获后要及时清除病残体、杂草和自生豆苗。

在发病始期喷药防治，防治白粉病的有效药剂较多，例如15%三唑酮（粉锈宁）可湿性粉剂1 500倍液，40%多·硫悬浮剂300～400倍液，50%硫黄悬浮剂250倍液，10%苯醚甲环唑（世高）水分散性粒剂1 500～2 000倍液，40%氟硅唑（福星）乳油6 000～8 000倍液，43%戊唑醇（菌力克）悬浮剂6 000～8 000倍液，30%氟菌唑（特福灵）可湿性粉剂4 000～5 000倍液等，各种药剂宜轮换使用。生物源农药可用2%农抗120水剂200～300倍液，2%武夷霉素水剂200～300倍液等。防治锈病的药剂可兼治白粉病，若喷药防治锈病，就不必再单独喷药防治白粉病了。

二十八、芸豆炭疽病

炭疽病是芸豆的重要病害，发生普遍，常发区一般减产20%～30%，高感品种甚至减产80%以上，芸豆品质和商品性也明显降低。炭疽病在贮运期间仍可持续发生，引起豆荚、豆粒腐烂，也能招致严重损失。

【症状识别】幼苗子叶上生成黑褐色的近圆形病斑，幼茎下部产生红褐色小斑点，发展后成为长条形的凹陷病斑，有时表面破裂，凹陷溃疡状，病斑可相互汇合，甚至可环切茎基部，致使幼苗倒伏枯死。

成株叶片多从背面开始显症，沿叶脉形成红褐色或黑褐色条斑，扩展后成为三角形或多角形的网状斑，边缘不整齐。叶柄和茎上产生红褐色条斑，可凹陷龟裂，叶柄受害后常造成全叶萎蔫。炭疽病的叶部症状不甚明显，在田间需仔细观察。

豆荚上产生圆形、近圆形稍凹陷的病斑或不规则形斑块。典型病斑中部灰褐色，边缘红褐色至黑褐色，有橙红色晕圈。病斑大小不一，大病斑的长径可达1cm。多个病斑汇合，可形成较大的变色斑块，甚至能覆盖整个豆荚。病原菌能穿透豆荚，进入豆粒内部。豆粒上生成圆形、近圆形、不规则形黑褐色溃疡斑，稍凹陷。

高湿时在豆荚和茎蔓的病斑上，出现粉红色黏质物，为病原菌的黏分生孢子团。

【防治方法】

（1）选用无病种子或种子处理。从无病田、无病株和无病荚上采种。播前种籽粒选，严格剔除病种子。种子处理可用50%多菌灵可湿性粉剂或50%福美双可湿性粉剂拌种，用药量为种子重量的0.4%。也可实施温汤浸种（45℃温水浸种10分钟），或用福尔马林液200倍稀释液或40%多·硫悬浮剂600倍液浸种30分钟，捞出后用清水洗净，晾干备用。

（2）种植抗病品种。国外和国内不少栽培地区都有抗病品种可资利用。在抗病育种中广泛采用了多个Co抗病基因，仅对一定的病原菌小种有效，因而在育种或引进抗病品种时，一定要了解所针对的小种。引进的抗病品种要在当地试种观察，确认其抗病性。另外，芸豆的叶部抗病性与荚部抗病性两者不一定相同，需要全面观察和鉴定。

（3）加强栽培管理。与非豆科作物实行2~3年以上轮作。收获后清除病残体，及时翻耕，以减少菌源。旧架材使用前以50%代森铵水剂800倍液或其他有效药剂消毒。实行高畦栽培和地膜覆盖栽培，开花期少浇水，开花后合理浇水追肥，结荚期增施磷肥。加强田间发病监测，及时发现并拔除病苗或摘除病叶、病荚。要适时采收，包装储运前要剔除病荚。

（4）药剂防治。可选用50%多菌灵可湿性粉剂800倍液，70%甲基硫菌灵可湿性粉剂800~1 000倍液，50%咪鲜胺锰盐（施保功）可湿性粉剂1 000~1 500倍液，25%咪鲜胺（施保克）可湿性粉剂2 000倍液，25%溴菌腈（炭特灵）可湿性粉剂600~800倍液，75%百菌清可湿性粉剂600倍液，或80%代森锰锌可湿性粉剂600~800倍液等。一般从发病初期开始喷药，隔7~10天喷1次药，连喷2~3次。或苗期喷2次，结荚期喷药1~2次。喷药要周到，注意不要漏喷叶片背面。

二十九、芸豆菌核病

菌核病是芸豆的重要病害，可引起茎蔓枯死，豆荚腐烂。病原菌可以在土壤中长期生存并随土壤和病残体传播，若防治不力，病原菌在土壤中不断积累，使病情逐年加重，甚至可能造成毁灭性损失。

【症状识别】苗期与成株期都可发生。幼苗期先在茎基部出现暗褐色水浸状病斑，向上下发展，使整个幼茎变褐软腐，叶片萎蔫脱落，幼苗枯死。病苗可以很容易地从土壤中拔出，拔出后可见根部腐烂，须根少。湿度大时病部表面长出白色棉絮状菌丝，以后菌丝团中出现黑色鼠粪状菌核。

成株多在茎基部或茎枝分杈处，产生水浸状不规则形暗绿色、污褐色病斑，后变为灰白色，皮层纤维状干裂。茎基部腐烂后，往往全株枯死。茎蔓贴近地面处、相互缠绕相连处以及茎蔓与叶片接触处也容易发病，发病部位以上的茎叶萎蔫枯死。病株茎组织内或茎蔓表面产生密集的白色菌丝和黑色菌核。叶片发病则生出暗绿色水浸状不规则形大病斑，继而腐烂，干枯。另外，病叶片还略向背面卷缩，叶片背面产生密集的白色菌系。病原菌能在衰老花瓣上腐生，花器褐腐并生白色菌丝，进而侵染嫩荚。豆荚还可以从接触病茎蔓或叶片的部位开始发病。病豆荚出现水浸状腐烂，后变褐，也产生白色菌丝体和黑色菌核。

菌核病的主要鉴别特点是各发病部位软腐，产生白色棉絮状菌丝体和较大的黑色鼠粪状菌核。

【防治方法】

（1）栽培防治。发病地应换种禾谷类作物3年以上。收获后清除病株残体，结合整地进行深翻，将菌核埋入土壤深层。

选用健康种子，汰除种子间混杂的菌核和病残体。施用不含有病残体的有机肥，合理密植，增施磷、钾肥，使植生长健壮，增强抗病性。发病初期及时摘除老叶、病叶，拔除病株，以利于通风透光，降低湿度和减少菌源。

（2）药剂防治。发病始期及时喷药防治，药剂可试用50%腐霉利（速克灵）可湿性粉剂1 500～2 000倍液，40%菌核净可湿性粉剂1 000～1 200倍液，50%异菌脲（扑海因）可湿性粉剂1 000倍液，50%乙烯菌核利（农利灵）可湿性粉剂1 000倍液，65%硫菌·霉威（甲霉灵）可湿性粉剂600～700倍液，50%多·霉威（多霉灵）可湿性粉剂700倍液，45%噻菌灵（特克多）悬浮剂1 200倍液，或40%施加乐悬浮剂800～1 000倍液等。视病情发展，确定喷药次数。若连续喷药，两次喷药之间间隔7～10天。生长早期需在植株基部和地表重点喷雾，开花期后转至植株上部。

菌核净是防治各种作物菌核病的常用药剂，有效成分是N－3，5－二氯苯基丁二酰亚胺，具有保护作用和内渗治疗作用，持效期较长。现已发现保护地种植的菜豆伸蔓期对该剂较敏感，用40%菌核净进行常规喷雾后，对生长会有明显的抑制作用，对芸豆的开花、结荚产生明显的不利影响，应慎用。

三十、芸豆镰刀菌根腐病

镰刀菌根腐病是芸豆的常见病害，由于连茬增多，发病趋重，严重时甚至连片死秧，产量损失可达50%～70%。镰刀菌根腐病还常与其他种类的根部病原菌复合侵染，症状复杂，危害加重。

【症状识别】从苗期到成株都可发病，主要危害根部和茎基部皮层，造成皮层腐烂，导致地上部叶片萎蔫黄枯。

幼苗多在出苗后 2～3 周发病，先是初生根发病，随之次生根也发病。病部表面出现红褐色斑点或条斑，扩展后根部变红褐色或黑褐色腐烂，可深达皮层内部。腐烂部分略下陷，皮层易剥离，有时纵裂。侧根也腐烂变褐，残留很少。幼茎基部病痕褐色，长条形，可环绕茎基部一周。因根部腐烂，幼苗叶片自下部开始相继发黄，上部真叶也萎蔫，但病叶一般不脱落。发病严重的幼苗烂死。高湿时，病部生出粉红色霉状物。

成株根系被侵染，自主根根尖开始变褐腐烂，病变部分稍下陷，表皮开裂，变色腐烂部位还向根内发展，深入皮层，小根、侧根腐烂脱落，整个根系变红褐色坏死。腐烂部分可延伸到茎基部。有时在主根腐烂部分的上方生出多数侧根。高湿时病株根部、茎基部生出粉红色霉状物，干旱时病根干缩。一般到开花结荚期，地上部分表现出明显异常，病株矮小，下部叶片变黄，荚瘪瘦。因根系腐烂，病株很容易地被拔出。

根腐病与枯萎病都造成叶片变黄枯萎，容易混淆。但根腐病局部侵染，引起根部皮层腐烂，枯萎病系统侵染，剖视茎基部，可见维管束变褐色。

【防治方法】

（1）栽培防治。栽培轻病、耐病品种。病田不宜连作，需换种禾谷类作物、白菜类蔬菜、葱蒜类蔬菜等非寄主作物，实行 3～4 年以上轮作。在多雨地区或灌区，宜采用高垄栽培，合理排灌，避免土壤过湿或过干。要适期播种，合理密植，增施肥料，保证植株健壮生长。发现病株后要立即拔除，病穴及四周撒施生石灰粉或药土消毒。

（2）药剂防治。药剂防治要提早，在茎叶症状明显时用药已为时过晚，需在发病初期施药。有效药剂有 70% 甲基硫菌灵可湿性粉剂 800～1 000倍液，60%多菌灵盐酸盐水溶性粉剂 800倍液，30%恶霉灵（土菌消）水剂 600 倍液，10%苯醚甲环唑（世高）可湿性粉剂 3 000倍液等，在发病初期喷淋茎基部。连喷 2～3 次。另外，还可用多菌灵、代森锰锌、可杀得等杀菌剂的药液灌根，或者用多菌灵、甲基硫菌灵等制成的药土穴施。

三十一、芸豆枯萎病

枯萎病是芸豆重要的萎蔫性病害，各主要芸豆栽培地区都有发生，发病植株茎叶枯萎，结荚显著减少，发病严重的在结荚盛期就可能死亡。

【症状识别】病株地上部分的症状，通常在开花结荚期方明显表现，先从下部叶片开始发黄，逐渐向上部叶片发展。发病叶片的叶脉变褐，叶脉间变黄，有时叶尖和叶缘变黑焦枯，随后叶片萎蔫以至枯死。发病早的病株明显矮小。

与根腐病不同，病株根部、茎部起先并不表现外在症状，但剖检茎基部可见维管束变褐色或红褐色。到发病后期，特别是并发其他根部致病菌后，也发生根系腐烂，细根先变褐腐烂，以后主根也腐烂。

【防治方法】

（1）选用抗病品种。要因地制宜选用抗病丰产品种。对枯萎病的抗病性可能具有小种专化性，仅对一定的小种有效，在育种和引种时应注意小种变化。

（2）轮作。重病地应换种禾谷类作物或其他非寄主作物 3 年以上。前茬收获后及时清除病株残体并集中烧毁。

（3）种子处理。播种不带菌种子或行种子药剂处理。可用种子重量 0.5%的 50%多菌灵可湿性粉剂拌种，或用 40%甲醛 300 倍液浸种 30 分钟，再用清水冲洗干净，晾干后播种。

(4) 土壤处理。播种前用50%多菌灵可湿性粉剂，每667m^2用药1.5kg，加细土30kg，混匀制成药土施用。初发病地块，应及时清除病株，深埋或销毁，病穴撒施药土或灌浇杀菌剂药液消毒。

(5) 药液灌根。在田间出现零星病株时，用杀菌剂药液浇灌病株根部，可用70%甲基硫菌灵可湿性粉剂800～1 000倍液，50%多菌灵可湿性粉剂600倍液，10%双效灵水剂300～400倍液，10%恶霉灵（土菌消）水剂400倍液，或10%苯醚甲环唑（世高）可湿性粉剂3 000倍液等。每株不少于50ml，间隔7～10天后，再灌1次。

三十二、芸豆细菌性疫病

细菌性疫病是芸豆的常见病害，病株叶片干枯，病田呈现火烧状，因而又称为“火烧病”或“叶烧病”。发病严重时芸豆产量和品质剧降。

【症状识别】叶片、茎蔓、豆荚和种子等部位都可受害，而以叶部为主。在叶片上先出现暗绿色油渍状小斑点，后扩大成为较大的褐色病斑，近圆形至不规则形，病斑周围有明显黄色晕环。往往在叶尖和叶缘发生较多，在叶缘的病斑多发展成为“V”字形斑。病斑组织干枯变薄，近透明，易破裂穿孔。多个病斑汇合后可使全叶变褐枯萎，通常病叶不脱落。茎蔓上产生红褐色稍凹陷的溃疡状条斑，扩展后可绕茎一周，导致上部茎叶枯萎。豆荚上病斑不规则形，红褐色，严重时豆荚萎缩，种子变色。潮湿时各部位病斑上有淡黄色的菌脓溢出，干燥后变成黄白色的菌膜。

【防治方法】

(1) 减少菌源。病地与非豆科作物轮作3年以上。收获后彻底清除病株残体，深耕翻土，以减少田间菌源。应使用无病种子，不用病田、病区生产的种子。种子可用95%敌磺钠（敌克松）粉剂拌种，用药量为种子重量的0.3%。还可用农用链霉素药液浸种，药液浓度和浸种时间由试验确定。

（2）加强栽培管理。实行高畦定植，地膜覆盖，加强通风，避免环境高温高湿。施用腐熟有机肥，促进植株健壮生长。

（3）药剂防治。发病初期可喷洒47%春雷·王铜（加瑞农）可湿性粉剂800倍液，77%氢氧化铜（可杀得）可湿性粉剂800倍液，30%琥胶肥酸铜可湿性粉剂600～800倍液，12%松脂酸铜（绿乳铜）乳油600倍液，60%琥·乙膦铝可湿性粉剂500倍液，10%双效灵（混合氨基酸铜络合物）水剂300～400倍液，78%波尔·锰锌（科博）可湿性粉剂600倍液，20%噻菌铜（龙克菌）悬浮剂500～700倍液，或72%农用硫酸链霉素可溶性粉剂3 000～4 000倍液等。一般间隔7～10天喷1次（科博施药间隔期在10～15天左右），连喷2～3次。

三十三、芸豆花叶病

花叶病是由多种病毒单独或复合侵染所产生的病害，发生普遍，是芸豆的重要病害。栽培高感品种或早期发病，损失率可高达30%～40%。

【症状识别】侵染芸豆，引起花叶症状的病毒有多种，各种病毒引起的症状有所不同，田间发病往往是几种病毒复合侵染的结果，症状表现更为复杂。

芸豆普通花叶病毒侵染后，病株表现黄绿相间的花叶，有时叶片沿主脉下卷。嫩叶初期还有明脉现象。另外，叶面还出现疱状突起，沿叶脉有绿色带以及叶片畸形等异常现象。早期侵染的植株生育不良，矮小，变黄。荚果短小，表现斑驳、褪绿，畸形等症状。有的品种还发生系统性叶脉黄化，叶脉坏死或局部坏死斑。具有抗病基因 I 的品种，则发生全株系统性过敏性坏死。

菜豆黄色花叶病毒的典型症状为黄花叶，也常出现叶片畸形、扭曲、落叶等症状。早期被侵染的植株矮小。该病毒有的植株系引起下叶基部变紫色，叶柄、茎部坏死，或叶片产生局部坏死斑。

黄瓜花叶病毒菜豆株系的症状与菜豆普通花叶病毒相似，表现花叶、卷叶、疱斑等，有的品种发病后沿主脉出现拉链状皱纹。

【防治方法】防治花叶病，首先要栽培抗病、轻病、耐病品种。品种间抗病性有明显差异，要因地制宜，鉴选抗病品种。缺乏抗病品种时，要尽量利用轻病或耐病品种，前者症状表现相对较轻，后者虽然发病较重，但产量损失较轻。另外，要选留无病种子，不由病田留种，商品种子需了解其产地发病情况和种子带毒情况。采用较多的种子处理法，是将种子用清水预浸后，再放入10%磷酸三钠溶液中浸种20～30分钟，捞出后用清水冲洗干净。但这种处理方法仅能钝化种子表面的病毒。

芸豆不与其他豆科作物接茬种植，也不与之间作套种。防治蚜虫是关键防治措施，要及早安排，切实执行，参见本书介绍蚜虫的各节。发病田还要加强水肥管理，适时追肥，喷施叶面营养剂，高温季节及时浇水，以缓解症状，减少产量损失。发病初期可选喷1.5%植病灵乳剂1 000倍液、NS83 增抗剂100 倍液，20%盐酸吗啉胍·铜（病毒 A）可湿性粉剂500 倍液，5%菌毒清水剂300 倍液等，10 天左右1 次，连续防治3～4 次。

三十四、绿豆和小豆红斑病

红斑病也称为尾孢叶斑病，是绿豆和小豆的常发病害，在多雨高湿条件下，高感品种可严重发生，病株叶片由下而上枯死，造成减产，若发生较晚，则受害较轻。

【症状识别】病株叶片上病斑圆形、近圆形、不规则形，多数直径5~8mm，病斑的边缘浓褐色，中间灰褐色至红褐色，后期病斑背面密生灰黑色霉状物。严重时，病斑之间相互汇合，致使病叶干枯。茎上和豆荚上也产生类似病斑。病情趋重。高温高湿有利于该病流行，连作地发病重。

【防治方法】要因地制宜地栽培抗病或轻病品种。发病地块在收获后要深耕灭茬，清除病残体，重病田应轮作谷类作物。选无病株留种，使用健康种子，市贩可疑带菌种子可行温汤浸种。加强田间发病监测，在发病初期喷施杀菌剂，有效药剂有多·霉威、百菌清、代森锰锌、加瑞农、松脂酸铜或碱式硫酸铜等。

三十五、绿豆和小豆轮纹斑病

轮纹斑病是绿豆和小豆的常见病害，分布广泛。严重发生时，病叶片枯死或早期脱落，结实减少，籽粒不饱满。

【症状识别】主要危害叶片，病叶片上产生圆形、近圆形、不规则形病斑，多数病斑直径4~10mm，但在叶片边缘等处也产生更大的病斑。病斑灰褐色、褐色，边缘色泽略深，周围稍褪绿。轮纹斑病的主要特征是病斑上有明显而较致密的同心轮纹，后期出现多数黑色小粒点，即病原菌的分生孢子器。干燥时病斑易破碎穿孔。在发病初期及早喷施甲基硫菌灵、百菌清、多·硫悬浮剂、氢氧化铜、加瑞农或碱式硫酸铜等杀菌剂。

三十六、绿豆和小豆锈病

锈病是绿豆和小豆的重要病害，危害叶片、茎秆和豆荚。种植抗病、轻病品种时锈病发生较轻、较晚，但若品种感病，往往酿成锈病流行，造成严重减产。

【症状识别】叶片正面散生近圆形小斑点，背面出现锈褐色的隆起疱斑（夏孢子堆），后表皮破裂外翻，散出红褐色粉末（夏孢子），秋季则产生黑色隆起疱斑（冬孢子堆）。发病重的叶片早期脱落。茎蔓和豆荚上症状与叶片相似。

【防治方法】防治锈病的主要措施是栽培抗病品种和适期喷施杀菌剂，具体方法参见前述芸豆锈病一节。

三十七、绿豆和小豆白粉病

白粉病是绿豆和小豆的重要病害，发生相当普遍，当种植感病品种，天气条件又适宜，田间发病提早，病情加重，可造成30%～50%或更高的产量损失，需采取应急防治措施。

【症状识别】白粉病菌侵染叶片、茎秆和果荚。叶片两面产生白色粉斑，扩展后形成一层白色粉状物，后期变灰白色至灰褐色，并密生黑色小粒点（闭囊壳）。严重时病叶片变黄，提早脱落。茎秆和果荚上症状相似。发病早的病株矮小，叶片扭曲、变黄。

【防治方法】防治绿豆、小豆白粉病，应栽培抗病或轻病品种，避免与其他感病作物接茬种植或间作套种。要清除田间杂草和自生豆苗，收获后及时清除病残体，搞好田间卫生。要加强水肥管理，培育壮株。在发病初期喷施多·硫、三唑酮、氟硅唑、苯醚甲环唑、农抗120或武夷霉素等药剂。

三十八、麦蚜

麦蚜是小麦上的主要害虫之一，对小麦进行刺吸危害，影响小麦光合作用及营养吸收、传导。小麦抽穗后集中在穗部危害，形成秕粒，使千粒重降低造成减产。全世界各麦区均有发生。主要危害麦类和其他禾本科作物与杂草，若虫、成虫常大量群集在叶片、茎秆、穗部吸取汁液，被害处初呈黄色小斑，后为条斑，枯萎、整株变枯至死。

成虫、若蚜刺吸植物组织汁液，引致叶片变黄或发红，影响生长发育，严重时植株枯死。玉米蚜多群集在心叶，为害叶片时分泌蜜露，产生黑色霉状物。别于高粱蚜。在紧凑型玉米上主要为害雄花和上层1～5叶，下部叶受害轻，刺吸玉米的汁液，致叶片变黄枯死，常使叶面生霉变黑，影响光合作用，降低粒重，并传播病毒病造成减产。

【防治方法】

（1）选择一些抗虫耐病的小麦品种，造成不良的食物条件。播种前用种衣剂加新高脂膜拌种，可驱避地下病虫，隔离病毒感染，不影响萌发吸胀功能，加强呼吸强度，提高种子发芽率。

（2）冬麦适当晚播，实行冬灌，早春耙磨镇压。作物生长期间，要根据作物需求施肥、给水，保证NPK和墒情匹配合理，以促进植株健壮生长。雨后应及时排水，防止湿气滞留。在孕穗期要喷施壮穗灵，强化作物生理机能，提高授粉、灌浆质量，增加千粒重，提高产量。

（3）药剂防治注意抓住防治适期和保护天敌的控制作用。麦二叉蚜要抓好秋苗期、返青和拔节期的防治；麦长管蚜以扬花末期防治最佳。小麦拔节后用药要打足水，每亩用水2～3壶才能打透。选择药剂有：40%乐果乳油2 000～3 000倍液或

50%辛硫磷乳油2 000倍液，对水喷雾；每亩用50%辟蚜雾可湿性粉剂10g，对水50～60kg喷雾；用70%吡虫啉水分散粒剂2g一壶水或10%吡虫啉10g一壶水加2.5%功夫20ml～30ml喷雾防治。

三十九、小麦红蜘蛛

小麦红蜘蛛是一种对农作物危害性很大的害虫，小麦、大麦、豌豆、苜蓿等作物一旦被害，常导致植株矮小，发育不良，重者干枯死亡。常分布于山东、山西、江苏、安徽、河南、四川、陕西等地。

【防治方法】

（1）因地制宜进行轮作倒茬，麦收后及时浅耕灭茬；冬春进行灌溉，可破坏其适生环境，减轻为害。

（2）播种前用75%3911乳剂0.5kg，对水15～25kg，拌麦种150～250kg，拌后堆闷12小时后播种。

（3）必要时用2%混灭威粉剂或1，5%乐果粉剂，每667m^2用1.5～2.5kg喷粉，也可掺入30～40kg细土撒毒土。

（4）虫口数量大时喷洒40%氧化乐果乳油或40%乐果乳油1 500倍液，每667m^2喷对好的药液75kg。

四十、小麦吸浆虫

小麦吸浆虫为世界性害虫，广泛分布于亚洲、欧洲和美洲主要小麦栽培国家。国内的小麦吸浆虫亦广泛分布于全国主要产麦区。

【防治方法】

（1）撒毒土。主要目的是杀死表土层的幼虫、蛹和刚羽化的成虫，使其不能产卵。在小麦拔节期用3%乐斯本颗粒剂、3%甲基异柳磷颗粒剂，或3%辛硫磷颗粒剂进行防治，每亩用药量3kg，以上药剂任选一种，加细土20kg混匀，在下午3点后均匀撒于麦田地表，能大量杀灭幼虫，并抑制成虫羽化。

（2）喷药。在小麦抽穗初期（10%麦穗已经抽出）进行麦田喷雾。主要目的是杀死吸浆虫成虫、卵及初孵幼虫，阻止吸浆虫幼虫钻入颖壳。每亩用48%乐斯本乳油40ml、40%氧化乐果乳油100ml，或20%杀灭菊酯25ml，以上药剂任选一种，对水20kg喷撒在小麦穗部。严重地块可喷药2次，间隔5～7天。

（3）熏蒸。每亩用80%的敌敌畏100g～150g，对水2kg均匀喷在20kg麦糠上，混合均匀后，在傍晚撒入田间，熏蒸防治成虫。

四十一、麦叶蜂

麦叶蜂是小麦拔节后常见的一种食叶性害虫，一般年份发生并不严重，个别年份局部地区也可猖獗为害，取食小麦叶片，尤其是旗叶，对产量影响较大。

【防治方法】

（1）农业防治。在种麦前深耕时，可把土中休眠的幼虫翻出，使其不能正常化蛹，以致死亡，有条件的地区实行水旱轮作，进行稻麦倒茬。

（2）药剂防治。每667m^{2}用2.5%天达高效氯氟氰菊酯乳油每667m^{2}20ml加水30kg做地上部均匀喷雾，或2%天达阿维菌素3 000倍液，早、晚进行喷洒。

（3）人工捕打。利用麦叶蜂幼虫的假死习性，傍晚时进行捕打。

主要参考文献

丛靖宇. 2014. 甜高粱高产栽培及秸秆储藏研究 [D]. 呼和浩特: 内蒙古农业大学.

刘燕, 等. 2013. 杂粮种植技术 [M]. 南昌: 江西科学技术出版社.